優渥叢書

優渥叢書

優渥叢書

哈佛教你32天學會

大腦整理

Harvard University
Organize Our Brain

從科學理論、故事案例到親身經驗，
每天上一堂認識自己的大腦思考課！

韋秀英◎著

第一章 快速認識你自己 017

CONTENTS

第二章 超速活化「僵化的大腦」 067

第三章 超速學習專注的能力 119

第四章

超速練就減法的技術 151

CONTENTS

第五章 超速運用眾人的智慧 191

推薦序

最好的答案，就存在你尚未被開發的大腦裡

為你而讀／先行智庫執行長　蘇書平

前陣子看了一部在 Netflix 上的德國紀錄片，這部影片從腦科學的角度，探討現在資訊焦慮的文明病。

影片中以一位女性的故事，展開過去比較少被人認真探討的話題——直覺。這位女性雖然得到她夢想的工作，開始在聯合國上班，卻發現整個組織仍使用過去的思考和工作方式，來處理現在新經濟的社會問題，這使她在工作上感到非常不快樂。於是，後來她離職，和一位朋友到哈佛大學這座知識聖壇，展開一場探索自我的旅程。

在探索答案的過程中，她們意外地發現，原來人類在思考這方面只用了二至三%的腦容量，這樣的發現剛好和本書前言所提到的科學研究不謀而合。

其實，我們當下所做的每一個選擇，都會影響我們下一個選擇，**我們每天做出的許多小決定，都會對未來生活產生深遠的影響。哈佛大學有句名言：「那些懂得投資未來的人，才是忠於現實的人。」**所以，妥善做好每個選擇，就是投資未來最好的方式。

本書透過相當有趣的研究分析，讓我們了解優秀決策者的特殊之處，包括他們擁有的五個特質、訂定目標的方式等。哈佛畢業生之所以能擁有全方位思考能力，就是因為他們平時鍛鍊思考的方式與過程都和別人不同，因此在做決策的時候，能導出與常人不同的卓越成果。

過去的教育和社會環境，讓我們習慣只用左腦，也就是理性思考問題的本質，數字成為衡量答案的唯一準則。你被迫用理性思考去掩蓋右腦給你的直覺，你所有的思考與決策在不知不覺間，被過去的經驗法則和自己的固定思維框架限制了。**如果你想學習如何成為優秀的決策者，必須學會轉換自己的思維，就像當年的哥倫布發現新大陸，打破思考框架，勇敢擁抱選擇的不確定性，而人生或工作上的很多答案，往往都在原本不敢探索的選項之中。**

透過這本書，你可以學習這些優秀決策者的五個特質，以及如何使用不同的思考方式和過程，做出不一樣的人生選擇或工作決策，打造自己的未來。有時候，最好的答案就存在你尚未被開發的大腦裡。

前言

十倍速的時代，思考的速度與深度決定成就高度！

人類的大腦不是一個等待被填充的容器，而是一支等待被點燃的火把。如果我們能夠點燃思維的火把，一定能夠像哈佛菁英那樣思考、學習、做決策，讓自己更靠近成功。

哈佛大學擁有三百多年的歷史，是世界各國菁英學生的夢想殿堂。如果對哈佛大學有一定的瞭解，必定知道這裡曾經孕育過八位美國總統、數十位諾貝爾獎得主、數十位普立茲獎獲獎者，以及各個領域的頂尖人才。這些傑出的哈佛人有一個共同的特質，就是擁有良好的思維能力，並且懂得如何在人生的重要時刻，做出最正確的決策。

現代科學研究發現，普通人的大腦細胞只被開發三％左右，就算是偉大的愛因斯坦，也只開發大腦細胞的三〇％左右。所以，人類有很大的潛力能夠提升自己的思維空間，哪怕是增加微小的一％，也能夠帶來意想不到的變化。**當你擁有哈佛菁英三百六十度的全面思考能力，就能夠輕鬆應付人生中的所有決策，並有效降低決策的失誤機率。**

那麼，什麼是決策呢？決策就是做決定的策略或方法。我們思考的最終目標，是清晰地瞭解和認識當下的情況，並以此作為自己的行為基準。假設你需要面對緊迫的問題，容不得任何的拖延與等待，這時候你需要正確、恰當地分析當前情況，迅速理解所處情況，進而做出最明智的決策。

哈佛菁英擬定決策時，正確性比一般人更高，比如：富豪比爾・蓋茲決定投身電子電腦領域，建立了強大的微軟帝國；馬克・祖克柏拒絕雅虎的高價收購，並堅持自己的研究成果，才有享譽全球的Facebook；塔爾・班夏哈決定潛心研究幸福學，讓更多人瞭解幸福的真正含義，也讓幸福學成為哈佛學生最喜歡的課程。

這些哈佛菁英的親身經歷告訴我們：一個人的思維能力對於決策過程是多麼重要！如果你的思維過於僵化，不懂得變通的藝術，那麼決策失誤是必然的結果。

美國心理學家斯賓塞・約翰說：「要做出一個更好的決策，首先要停止執行一個錯誤的決策。」雖然我們無法讓自己無論何時都做出最好的決策，可是為了讓事情往更好的方向發展，我們應該像哈佛菁英那樣思考，儘量減低決策失誤的機率。

本書是一本關於決策的書，以真實案例為切入點，融合經濟學、決策學和客觀常識領域的真知灼見，以清晰易懂的方式展示出來，深入淺出，發人深省。

書中並未談論深奧抽象的大道理，而是以最簡單的方式告訴讀者，如何訓練自己的思維能力，如何做出最正確的決策。無論你是計畫換工作、為公司制訂戰略方案，或者為某些艱難的選擇而發愁，本書都能夠給你正確的指引，為你的思維錦上添花！

如果人生是一個不斷選擇的過程，選擇本書就是最正確的決策。

思考筆記

Logical Thinking

第一章

快速認識你自己

第1天

面對抉擇，該如何想清楚再做？

「我們的社會不常做偉大的事，因為我們都害怕犯錯。事實上，我們做的所有事情未來都可能是錯的，但這不能阻止我們開始。」

——Facebook創辦人馬克．祖克柏

每天，我們都要做出各種各樣的選擇，不管是大事小事，總會受到個人偏見、好惡、情緒及各種外界因素的影響，決策失誤的情況不可避免。即使是最出色的決策者，也不可能把所有的決策都做到完美無缺。

哈佛心理學將決策定義為個人主觀行為，即在接受各種資訊之後，評估當下情況，選擇對自己最有利方向的行為。在複雜多變的商業社會，因為選擇失誤而導致的決策錯誤屢見不鮮。**人要面對各式各樣的選擇和決定，而這些決定將直接影響到人們的未來：正確的決定成就輝煌人生，錯誤的決定讓人萬劫不復。**

這樣說來，沒有什麼比決策力更影響我們的生活，甚至我們現在得到的一切，包括成功或失敗，都可以追溯到之前所做的決定。更重要的是，我們是否能在未來實現目標與夢想，取決於是否擁有出色的決策力。

既然決策如此重要，有沒有什麼方法，能幫助我們做出更好的決策呢？現代經濟、行為、心理學科的研究論證策略，確實能夠幫助我們減少個人偏好的消極影響，並引導我們做出更好的決策。不過，從人們的懊悔機率來分析，大多數的決策都屬於缺陷型。這種決策失誤不僅出現在普通人身上，即使那些創建商業帝國的企業巨擘，也有做錯決定的時候。

但是，有些人在決策方面做得十分出色，比如哈佛菁英，無論是超級富豪比爾‧蓋茲，還是「幸福學」導師塔爾．班夏哈，他們做出的決定都成就了他們偉大的一生。

這裡，以另一位哈佛菁英馬克・祖克柏為例，他是美國社交網站 Facebook 的創始人，被譽為「第二蓋茲」，也是世界上最年輕的億萬富豪之一。

當年，在哈佛大學主修電腦和心理學的祖克柏，建立一個提供學生間互動交流的網站 Facebook，網站剛一開通，立即得到使用者的大力推崇，幾周內就有將近一半的哈佛學生註冊為網站會員，透過這個免費的網路平臺，發佈自己的最新動態、尋找志同道合的朋友等。

Facebook 不斷壯大，二〇〇五年，傳媒集團維亞康姆希望以七千五百萬美元的價格收購Facebook，隨後微軟和雅虎也開出更高的價格，但是都被祖克柏婉言回絕。

二〇〇六年，雅虎前CEO特里・塞梅爾找上祖克柏，想以十億美元的價格收購Facebook，祖克柏卻笑著說：「這不是錢的問題，它就像我的孩子，我希望把它養大，看著它成長。」

祖克柏的決定無疑是正確的，因為當時的 Facebook 正處於高速發展階段，如果因為各大網路巨頭的高價收購而選擇放棄，無疑是不明智的。可是，我們可以假設：如果幾十年後，各種新型網路平臺不斷出現，Facebook 漸漸失去創新性和競爭力，甚至面臨被淘汰的風險，那麼當年祖克柏做出的決定又是否錯了呢？顯然不是如此，因為決策具有一定的時效，人們可以預測未來的發展趨勢，卻無法保證它的準確性。

這種不確定性增加了決策的風險，有時候我們甚至不得不「賭」一把——只有未來才能找到答案。

二〇一五年，美國管理協會的一項調查顯示，美國商業人士的決策失誤機率為五〇%左右，這讓經濟學家對美國經濟的未來產生反思，因為國家在政治、軍事及經濟上做出的重大決策，將直接影響到整個國家的命運，而企業主管在未來規劃、合作競爭及內部改革上做出的重大決策，將關係到整個企業的存亡，至於個人的重大決策也是如此。

如果你想成為優秀的決策者，應該嘗試轉換思維，把自己的目光從決定本身移開，更加注重做決定的過程，你才能對自己的決策力傾注自信，減少決策失誤的情況。

國際首席商業談判大師羅傑・道森在一次公開演講中說：「決策的影響力是巨大而深遠的，它關係到你的未來，左右你的一生。」

羅傑・道森深受哈佛學生的喜愛，他的著作是哈佛大學指定的必讀書目。為了更清楚地說明決策對於未來的影響力，羅傑・道森列舉出以下三種情形，每種都需要由當事人選擇，並將影響到他未來的人生走向：

1. 一名義大利商人等到一個絕佳的機會，為此他必須前往加州奮鬥至少五年，這樣做肯定會獲得事業上的成功，不過這也意味著他必須和心愛的妻子、兩個可愛的女兒分開至少五年。對此，他不知道如何選擇才是正確的。

2. 住在舊金山的一位家庭主婦打電話向羅傑・道森諮詢，她的丈夫將被公司調往聖地牙哥工作，可能得在那裡待上一年或者更長的時間，一年後公司會將他調回舊金山海灣地區的總部工作，並承諾升遷。這位家庭主婦感到十分為難，不知道應該賣掉舊金山的房子，和丈夫一起搬到聖地牙哥，還是應該在舊金山等他回來？

3. 一名大學剛畢業的年輕人想要創業，經過重重篩選，終於找到一位感覺還不錯的商業夥伴，可是他認識這個人的時間不久，無從得知這個人是否值得信任，該怎麼辦？

羅傑・道森認真分析以上三種情形，並提供建議：

在第一種情形中，那名義大利商人需要重新審視自己的決定，他面臨的並不是一個非此即彼的選擇，應該要延展思考範圍，想出更多更有創造力的方案。如果選擇和自己的親人分開五年，將錯失人生中很多美好的東西，所以要考慮的並不是「要不要離開自己的家人」，而是如何帶著家人一起搬到加州。

第二種情形可能更嚴重一些，對於家庭主婦來說，讓自己的丈夫獨居一年或者更長的時間，很可能會讓自己的婚姻陷入危機，所以在權衡得失之後，可以馬上做出決定，不會猶豫是否要隨丈夫一起去聖地牙哥。

最後一種情形簡單明瞭，那位年輕人面臨的並不是信任與否的問題，而是願不願意承擔風險。如果直覺告訴他那位商業夥伴不值得信任，那麼他應該聽從自己內心的聲音。其實，如果遇到真正信任的合作夥伴時，內心根本不會出現猶豫，也不需要做出選擇，而是直接付諸行動。

無論做出怎樣的決策，都可能對我們的生活產生負面影響，尤其是在缺乏決策力的情況下，我們無法擁有清晰的思維，也無法理清自己的真實感受，甚至無法理解自己。

想理解決策對於未來究竟有多大的影響力？請你認真思考以下幾個問題：

1. 如果你選擇在高中畢業之後去工作，而不是上大學，你的人生會是怎樣？
2. 如果你選擇和自己的初戀結婚，而她（他）並不是你現在的另一半，你的生活將是怎樣？
3. 如果你接受那些被你拒絕的工作，你的事業會是怎樣？
4. 如果你選擇之前沒有選擇的道路，你的現在和未來將是怎樣？

5. 如果時間倒退，你會改變自己的哪些選擇？

這些問題能幫助你更清晰地理解決策的影響力。無論你現在過得好還是壞，你都不得不承認自己曾經錯過很多重要的機遇，也曾做出十分明智的選擇。決策是否正確關係重大，因此我們應該努力培養自己的決策力。

第2天

做錯決定時，該怎麼辦？

「我們不是進步就是退步，人生沒有所謂的停滯不前。」

——作家詹姆斯・弗里曼・克拉克

每個人都有過在迷惘中做錯決定的經歷，做出某個選擇時，也意味著失去那些你未選擇的。無論你做出怎樣的決定，都將深遠地影響未來，其過程可能立竿見影，也可能潤物無聲。

哈佛大學有一句名言：「那些懂得投資未來的人，才是忠於現實的人。」人們對於未來的投資，源於現實的決策。無論個人或企業，生命的發展軌跡都是由一連串的決策所組成。任何一個決策都能夠影響你的人生走向，而你現在所站的位置，也是取決於之前的決策。

在一堂哈佛公開課上，教授問台下的學生：「如果你的未來只能夠選擇一件事情來完成，那麼你會選擇愛情、健康還是事業呢？」結果，有六四％的學生選擇事業，二五％的學生選擇愛情，僅有少部分選擇健康。

當時那些學生都是二十歲左右，還處於美好的青春年華，他們的選擇往往會忽略健康。可是，同樣的問題放到四十五歲以上的人群中去調查，結果卻有七〇％的人選擇健康。這些人大多事業有成，也不再追求浪漫的愛情，經過事業上的打拼與年齡的增長，身體多多少少有點毛病，所以健康成為他們最重視的一環。

如果你面對同樣的選擇，會做出怎樣的決定呢？**其實，無論做出怎樣的決定，都沒有絕對的對與錯，只看是否能符合當下的需求，是否能獲得現階段的滿足感。**

一個人在勾畫未來的時候，會做出各種各樣的決策，我們無法簡單地說哪一個決定是正確的，哪一個是錯誤的。

就像上面那個問題，人在年輕時最不缺乏的就是健康，因為年輕便是一種資本，在這種條件下，決定實現自己的人生價值，顯然更符合二十歲左右的年輕人心態。

可是，對於四十五歲以上的人來說，他們的事業已經進入平穩發展期，這時候健康問題成了最大的困擾，他們想擁有年輕人的健康與活力，所以一般都傾向於養生，關注自己的健康問題。

可見，在勾畫未來的過程中，決策的時效性極其重要，你在當下做出的決定也許不適用於未來，關鍵在於是否符合現實的需求。

除了決策的時效性，人們在勾畫未來時，還需要思考幾個問題：

一、怎樣權衡選擇的利弊？

人們無時無刻不在下決定：應該選擇哪一所學校？應該選擇哪一個生活伴侶？要辭掉現在的工作，尋找更好的發展機會？在做出決定之前，人們都會猶豫，因為一旦做出選擇，就意味著失去一些東西。

當權衡每一個決定的利與弊時，人會在各種選項間徘徊，無論做出怎樣的選擇，都意味著必須放棄另一個選擇所帶來的好處，這種損失感會讓決定的行為變得難上加難。

既然選擇如此艱難，那麼應該如何權衡選擇的利與弊呢？

1. 思考自己內心的真實需求：什麼是你需要的？什麼是你想要的？在明白自己的動機之後，就會更加遵從自己的內心，果斷地做出決斷。

2. 學會發散自己的思維，探尋其他更完美的選擇，因為很多看起來非此即彼的選擇，還存在更多的可能性，需要你自己發現。

3. 當你在幾個選擇間猶豫時，不妨替每個選擇列出十項優點，以及十項缺點，對照現實情況後，再做出決定。這樣能夠幫助你分清選擇的優劣，減少未來後悔的可能性。

4. 最後，如果你很難在短時間內做出最好的決定，那麼就多給自己一點時間思考。

二、如果做錯決定，該怎麼辦？

在面對艱難的選擇時，每個人都可能做錯決定，任何決定的不確定性都讓我們必須承擔風險，這是優秀決策者應該預先思考的問題。

哈佛商學院的埃米・艾德蒙教授說過：「那些不懂得從錯誤中吸取教訓的人，總是犯同樣或類似的錯誤，如果我們對重複的錯誤抱持寬容，就是縱容自己犯下更大的錯誤。」

錯誤的決定會給人生帶來消極的影響，因此我們應該把更多的精力，用在如何應對錯誤的決定。

1. 承認自己做錯決定，意識到自己的錯誤，便是在糾正偏差，在邁向成功的道路上踏出最重要的一步，也開啟了自覺意識。

2. 努力尋找補救的方法，儘量避免不必要的損失。有的決定並非不可更改，如果錯誤的決定將你導向錯誤的方向，你要學會不斷修正自己的決定，讓之後的選擇更靠近正確的方向。

3. 每一次錯誤都是經驗的積累，善於總結這些錯誤的經驗，能讓你以後更少出錯。

總之，決策是人生中最重要的事情，你希望自己在哪裡，就要學習如何勾畫自己的未來。擁有決策力的人能夠權衡選擇的利弊，進而做出最正確的決定，即使發現錯誤也能夠臨危不亂、扭轉敗局，成為明智的決策者。

第3天

如何喚起你創意的右腦？

「我不是環境的產物，而是我決定的產物。」

——勵志作家史蒂芬・柯維

美國教育家阿蘭・布魯姆在其著作《走向封閉的美國精神》中寫道：「對於美國的年輕人來說，最重要的是如何度過自己的大學歲月，因為這是使人文明開化的唯一途徑。如果你即將接受大學教育，最應該思考的就是自己應該學習什麼？」

我認識的哈佛學生都經歷過這樣的時刻，當他們從教授手中拿到上千頁的選課單時，便突然感受到哈佛的無窮魅力。這時候，他們面臨人生中的一次重大選擇：

自己的第一門課應該學什麼？

哈佛正式推行新的通識教育以後，便將學生需要涉獵的範疇擴大到八大領域，共計四百多門課程，其中包括藝術和詮釋、文化與信仰、經驗推理、倫理推理、生命科學、物理科學、世界中的社會、世界中的美國。對決策者來說，哈佛的哪一門學科最受用呢？

每一門學科都是構築偉大決策的基石，不過最受用的還是經驗推理能力。**當面對人生中的重大決策時，如何控制你的左腦和右腦進行快速推理，並且做出正確的決斷，將是決策成功與否的關鍵所在。**

什麼是快速推理能力呢？就是人們根據一個或幾個已知的判斷，快速推導出一個未知結論的思維過程。

喜歡福爾摩斯或柯南的讀者，一定十分欽佩他們的快速推理能力。無論是現實中的重大決策，還是生活中的細節小事，都少不了快速推理能力。比如說，醫生根據某位病人的異常表現，認為他罹患某種頑疾，於是建議他接受全面的體檢，結果醫生的診斷是正確的，病人因為及早發現病情而得救。再比如說，一位女性受害者做筆錄時，員警根據有限的資訊，猜測嫌疑人位於受害者附近，結果在距離受害者兩個街區的地方捕獲嫌犯。

以上兩種情況都是運用快速推理能力，找到問題的解決方案，可見得快速推理能力對於現實決策是多麼重要。

一、人類的快速推理能力來自哪裡？

哈佛大學的經驗推理理論指出，人的大腦分為左腦和右腦兩個部分，它們搜集的資訊是相同的，處理的方式卻不一樣。左腦能夠透過文字的形式，對獲取的資訊進行編碼處理，用邏輯推理做出決定；右腦則透過情感的方式吸納資訊，依靠直覺做出決定。

有的行為心理學家將佛洛伊德所說的潛意識，認定為人類的右腦活動。這樣的理論有一定的道理，因為至少有八五%的決策者都習慣用左腦思考，這意味著人們有意識的思維大多受到左腦控制，而潛意識則受到右腦的影響。**如果說左腦的邏輯推理是一個緩慢而理智的過程，那麼右腦的直覺判斷就是快速而果斷的結果。**

二、左腦和右腦的功能有什麼不同？

現代心理學認為，**當我們意識到大腦在工作時，它已經工作〇・四秒了**。雖然〇・四秒聽起來微不足道，但可以解釋人類的直覺判斷是如何形成。早在左腦產生意識之前的〇・四秒，右腦就已經開始運轉，所以有時候左腦還沒開始工作，右腦就已經提供決策方案。

關於右腦，還有一些鮮為人知的事實，例如：右腦更容易受到外界的影響。當右腦快速轉動時，會將所做的決定強加給左腦，這時候人們開始胡思亂想，甚至做出一些不明智的決定。

另外，右腦屬於「晚睡晚起」的類型，這就是為什麼人們在快要睡著時，總會產生一些極富創意的想法，在早晨醒來時，左腦又告訴自己：「那個決定簡直太愚蠢了！」

當遇到壓力時，右腦會自動停止思考，所以喜歡用左腦思考的工程師能夠輕鬆面對挫折。

然而，主管創意的右腦停止運作時，也會對我們的決策造成很多問題。舉例來說，我們在面對壓力時，總是需要做出某些重大決策，這時候可能更需要右腦提供富有創意的想法。因此，對決策者來說，控制好自己的左腦與右腦極其重要，兩者缺一不可。

三、如何控制左右腦進行快速推理？

在瞭解左腦和右腦思維的特點之後，你是否知道如何控制自己的左右腦進行快速推理，幫助自己做出更好決策呢？快速推理能力一般來自右腦的直覺思維，當你關閉自己講究邏輯的左腦，讓富有創意的右腦開始工作時，直覺思維就開始啟動。

那麼，我們該如何喚醒自己的右腦呢？一是讓大腦放鬆，二是刺激自己的腦電波。如果你的右腦變得極度興奮，決策也會變得極富創意，比如說，人們在觀看文藝演出或球賽時，會格外興奮，原因就在於此。另外，透過一些舒緩的運動，也可以振奮右腦，因為運動能夠透過血液循環，將更多的能量送入你的大腦，而喚醒右腦。

其實，人的思維並不是單一地使用左腦或右腦，而是左右腦相互轉換。在決策過程中，右腦會給你許多富有創意的想法，快速做出某些決定，而左腦會對這些想法及決定進行判斷，然後做出最後的決策。**如何在決策中妥善運用左腦的邏輯思維，以及右腦的直覺思維，正是優秀決策者應該思考的問題。**

第4天

哈佛大學最重要的一堂課——認識自己！

「如果你沿著正確的路徑走，而且願意繼續走下去，最終你將獲得進展。」

——美國前總統巴拉克・歐巴馬

古希臘阿波羅神殿的門柱上刻著一段神諭：「認識你自己！」這句簡單的話被哲學家認定為人類的最高智慧。認識你自己是所有決策的前提，你必須明白自己所處的位置、扮演的角色、追求的人生價值，必須知道自己想做什麼、能做什麼，然後才能做出自己的決定。

在哈佛大學，情商教授的第一堂課就是告訴學生如何認識自己，因為只有在充分瞭解自己的能力及需求之後，才能做出最有利的決策。

對於決策者來說，知道自己能做什麼，比想做什麼更重要。這是哈佛大學錄取新生時十分看重的事。哈佛招生處的威廉・菲茲西蒙斯說：「哈佛大學每年的大學生錄取率只有五・五%左右，不過哈佛沒有公式化的錄取規則，只要你認為自己有能力上哈佛，我們就會給你機會。」

可能很少人知道，這位被稱為哈佛「招生之王」，甚至改變哈佛招生面貌的人，曾被哈佛大學拒之門外。因為一九六〇年代，哈佛大學還是一所專門為菁英階層量身訂做的大學，而菲茲西蒙斯出身貧寒，當他請求自己的老師寫推薦信時，老師好心勸說：「那地方並不屬於我們，你也不可能融入哈佛的。」

即使面對各種打擊，菲茲西蒙斯堅信自己有能力進入哈佛，也有能力做出改變。這樣的決定來自於他對自我的肯定，或是說對自己的正確認識，而現實也給了菲茲西蒙斯一個肯定的回答，他不僅順利進入哈佛大學，還留在哈佛成為招生處的領導者。

認識自己非常重要，尤其在決策過程中，更應該知道自己擁有什麼資源，能做些什麼。

現代心理行為學家將決策者的性格分為四種類型：實用型決策者、外向型決策者、分析型決策者，以及溫和型決策者，每一種類型都擁有不同的性格與思考特性：

一、實用型決策者的特質：非情緒化、使用左腦思維、果斷的決策者

實用型決策者的思維通常很清晰，目的也很簡單，就是如何果斷地做出決策。如果他們參加語言培訓班，通常不會花過多的時間去關心語言之外的問題，只希望獲得和語言有關的實用資訊。

實用型決策者有十分清晰的時間管理概念，在閱讀方面，他們會訂書摘服務，甚至希望自己能夠把一本五百頁的書整理成四頁，再用紅筆勾出核心的內容。語言培訓班的課程結束之後，他們可能會抱怨：「這堂課確實很有收穫，可是為什麼要用三個小時來講呢？如果去掉其中的笑話和故事，明明可以在一個半小時之內講

完。」

因此，實用型決策者的性格特質就是：果斷、非情緒化、用左腦思維。他們能夠快速地做出決定，不會受到感情因素的影響，並希望身邊的人都可以這樣。

二、外向型決策者的特質：情緒化、使用右腦思維、果斷的決策者

外向型決策者的主要特質是非常情緒化，並善於運用右腦的直覺思維進行果斷決策。如果這類型的決策者同樣參加語言培訓班，可能會對語言之外的事同樣產生興趣。他們通常比較排斥圖表、計畫等實用性的東西，比較喜歡充滿想像力的幽默描述。

外向型決策者十分依賴自己的直覺，因為他們大多習慣運用右腦思維。那麼，什麼是直覺呢？

直覺是大腦對某些事物中隱含的整體性、和諧性、次序性，迅速做出的洞察和反應，能夠引導我們跨越各種資訊干擾，簡單快速地做出最正確的決定。

三、分析型決策者的特質：猶豫的、非情緒化、使用左腦思維的決策者

分析型決策者喜歡收集資料，並且當成做決策的依據。他們獲取的資訊越多，做決策就越有把握和自信。

這種類型的決策者通常不喜歡直接做出決策，而需要大量的資訊或資料作為基礎，比如具體的資料、圖表等。

四、溫和型決策者的特質：猶豫的、創新型決策者。

溫和型決策者喜歡和一群擁有共同興趣愛好的人待在一起，相當重視交流氣氛。一般情況下，溫和型決策者做決定都很慢，因為他們很情緒化，而且總喜歡把別人也考慮到決定中。

當然，溫和型決策者有適合自己的決策方法，就是善於運用群體的智慧。正如美國社會學家T·戴伊所說：「正確的決策來自集體的智慧」，任何一個偉大的成就都不是一個人的功勞，而是團隊合作的結果。在決策過程中，如果能夠調動各方面的積極性，團結一致，便能夠形成有益的腦力激盪。

現在，你可以對比以上四種類型的決策者，看看自己屬於哪一種類型。當然，不排除複合型決策者的可能性。在你真正瞭解自己的性格特質之後，才能做出更好的決策。

第5天

你是否跟哈佛菁英一樣優秀？看5種特質

「沒有人可以真的把你拉高——你無法抓緊繩子，但憑自己的雙腳，你可以爬萬重山。」

——美國最高法院大法官路易斯・布蘭戴斯

哈佛大學彙集世界上最多的菁英人才，這些人才具備各自不同的特點，並進入不同的領域研究、學習。迄今為止，哈佛大學已培養出八位美國總統、三十四位諾貝爾獎得主、三十二位普立茲得獎者，以及微軟、Facebook、IBM等商業奇蹟的締造者。**這些哈佛菁英有一個共同點，就是懂得如何做好人生的重大決策。**

並非只有重大的決策才會影響我們的未來，我們每天做出的許多小決定，也會對未來生活產生深遠的影響。優秀的決策者不會看輕任何一個決定，這種精神值得每個人學習。其實，所有優秀的決策者身上都存在一些共同特質，就算你天生沒有這些特質，也能夠透過後天的努力學習來培養。

特質1：懂得把握最佳時機

優秀的決策者都具備審時度勢的能力，懂得把握決策的最佳時機，在恰當的時候做出正確的決定。

我認識一位企業家，他在大學畢業後，向家裡籌借幾萬塊錢，成立一家專門維修影印機的小公司，不久後，他開始收購故障的影印機，把它們修好，放在自己的店裡販售，於是業務不斷擴大。後來，國外一家影印機公司在中國尋求經銷商，他抓住這個時機洽談合作，幾年間賺了一大筆錢。

幾年後，他看準汽車代理行業的廣大前景，於是賣掉自己的公司，投資汽車代理業。現在，他成為幾個國際汽車品牌在中國的指定代理商，事業人生兩得意。他成功的秘訣就是懂得把握時機，在最恰當的時候毅然做出決定。

當時機來臨時，你是停滯不前還是毅然做出決定，取決於你的性格特點及行事風格。如果你比較衝動、喜歡控制局面，那麼也許能夠快速、甚至草率地做出決定。如果你的個性更傾向於分析，容易拖延，那麼做決定的速度將過於緩慢，雖然這樣的決策過程更加理性客觀，卻也是一種煎熬。

優秀的決策者懂得如何把握時機，加快或放緩決策的速度，讓自己獲得最寶貴的機遇。

特質2：具有較強的執行力

哈佛商學院教授麥可．波特說：「在實現目標的過程中，戰略決策的價值僅占一〇％，剩下的九〇％都是執行力的問題。」

哈佛大學是個講究執行力的地方，哈佛菁英絕不會因為冗長的決策而影響到自己的學習與工作。因為他們都知道，再完美的決定都需要用行動來證明。如果一個人決定要做什麼事，卻沒有真正執行，那麼他永遠只是在空想而已。

人的執行力是由思想所控制，如果沒有完美的決策，人會像漫無目標的無頭蒼蠅四處亂飛，時常碰壁。在你有了完美的決策後，就只剩下如何認真執行的問題。**優秀的決策者都擁有較強的執行力，能夠毅然做出決定，立即付諸現實行動。**如果你缺乏執行力，那麼在做決定的時候也會猶豫不決，這樣的猶豫只會讓自己陷入矛盾尷尬的境地。

這時候你應該問自己，這個決定是否值得。正如幽默大師馬克・吐溫所說：「如果你站到正確的軌道上，卻只是一味地站在原地，也會錯失許多機遇」，若你知道決策正確無誤，就應該利用自己的執行力，推進決策的進展。

特質3：能夠接受不確定性

我們身邊總不缺乏喜歡分析的人，他們生活在一成不變的世界裡，所有的事情都被確定、被固化，都有特定的位置。只要情況發生變化，他們就會有危機感，因為他們無法接受不確定性，最好能夠精確地把握事物的所有變化及發展。

事實上，這可說是是決策過程中的最大弊端。無法接受不確定性的人，做出決定也難上加難。他們只有在得到更多的確定性後，才能保持自信，比較適合從事實驗室管理員、工程師或是資料處理員等工作，因為這些工作有更加量化的答案，不確定性也更少。

然而，優秀的決策者能夠接受不確定性，不會事事講究精確，也不一定要瞭解所有的細節，所以能夠很快適應帶有不確定性的工作。

其實，一個人的決策能力，與他接受不確定性的能力息息相關。任何一個決定都存在不確定性，能夠忍受不確定性的人，往往更能把握自己人生的機遇，應對人生的風險。如果無法接受不確定性，將更難做出最正確的決策。

特質4：能夠避免模式化

我見過很多受模式化影響的決策者，他們總是被自己的主觀意識過度影響，決策通常缺乏客觀及公正。其實，每個人在決策過程中都會存在一些偏見，而這些偏見屬於慣性思維，比如認為黑人的牙齒都是雪白、穿護膝的人都是呆子、所有會計工作都無聊透頂等。

人們之所以被這些模式化的思維影響，是因為大腦總是喜歡尋求最輕鬆的捷徑，而用模式化的方式來做決策，顯然輕鬆很多。

在某些時刻，模式化也具有積極的作用，能夠幫助決策者在尚未獲取完整的資訊前，就對某些事情做出結論。不過，這容易讓決策者忽略問題中隱藏的機會，或者機會中隱藏的問題。此外，慣性思維會為自己構建一些既定的想法，比如「我就是這樣的」，而這也是絕大多數人拒絕做出改變的主要原因。

特質5：懂得如何變通

決策者對於自己的決策應該具有十足的自信，無論是決策過程還是決策後的執行，都應該保持堅定的信念。不過，在一些特定的情況下，要學會變通。

做決策是一門科學，更是一門藝術，經常調整自己的決策方式，能夠為自己提供更多富有創造性的解決方案。那麼，優秀的決策者應該如何學會變通呢？

1. 在面對問題時，不要一味地使用自己喜歡的處理方式，而要學會將問題分門別類，然後尋找最適合的處理方式。

2. 變通意味著，你必須嘗試接受一些不完美的方案。如果你是個能接受不確定性的人，做到這一點並不難；如果不是，要當心優柔寡斷讓你錯失良機。

3. 做好隨時放棄的心理準備，尤其在面對一些不合理的決策時。

第6天

放錯位置嗎？看成功者如何實踐「優勢理論」

「了解自己的優點和缺點可能需要很長時間，過程甚至會很痛苦，但這是人生中最重要的事之一。」

——哈佛商學院院長尼廷・諾里亞

成功學家提出一個理論：判斷一個人能否獲得成功，取決於他能否最大限度地發揮自己的優勢。這個理論同樣適用於決策過程，也就是說，**決策者能否獲得成功，大部分的原因在於決策者能否找出自己的決策優勢。**

美國政治家富蘭克林曾說：「寶貝放錯了地方，就會變成廢物！」想讓決策成功，並非簡單的事，因為決策涉及的範圍很廣，過程更是複雜多變，所以決策者應該清晰地認識自己，知道自己的優勢在哪裡，才能夠在決策中有效發揮。

國外相關研究顯示，一個人身上具備的優勢高達四百多種，決策者不用對自己所有的優勢瞭若指掌，可是必須知道最主要的優勢是什麼。**只有正確地找出自己的優勢，才能夠把目標建立在優勢上，進而減少決策失誤的可能。**

哈佛大學已培育出數十位普立茲獎得主，相信決策者都對這個新聞界的國家級獎項有所了解。普立茲是一個人的名字，而他的故事說明了發揮決策優勢的重要性。

普立茲在二十一歲的時候，開始進入新聞業工作。二十一歲之前，普立茲是個退伍兵，每天都從事粗重的體力工作，勉強能夠養活自己。為了謀生，他曾吃盡苦頭，甚至有一次，因為應聘推銷員的工作，和幾位朋友被騙到孤島上，險些喪命。

仲介所騙走他們的錢，便消失得無影無蹤。普立茲十分氣憤，脫險後便撰寫一篇文章，揭露那些欺騙應聘者的仲介機構。普立茲沒有想到，自己的文章竟然被《西方郵報》刊載，因此發現自己的優勢，覺得自己十分適合從事新聞工作。

不久之後，普立茲進入報社工作，從文件管理員做起，慢慢升上到記者，逐步經營自己的長處，並且在新聞事業上平步青雲，最終成為世界新聞界的泰斗人物。

在決策的過程中，我們也應該像普立茲一樣，發現自身的優勢，並做出正確的決策。

哈佛大學的塞繆爾．哈恩曼教授說過：「哪怕你很貧窮、很普通、很軟弱，但是你仍然擁有別人羨慕的優勢。失敗者並非沒有能力獲得成功，而是不知道如何發現並發揮自己的優勢，未能開發和利用自身的價值，才和成功擦肩而過。」

成功者也許只是比普通人更瞭解自己的決策優勢，才能夠在決策的過程中遊刃有餘。

所謂決策優勢，就是在決策中優於他人的地方，主要包括兩方面的內容：

1. 決策中體現的個人優勢，例如擁有的資源、方法、智慧等。
2. 決策者的心理優勢，例如自認能夠處理好某些問題，或者很輕鬆地應對意外事件等。

如果決策者能夠找出自己的決策優勢，就能利用優勢為自己和決策定位，並且從容應對決策中一切可能出現的問題。

美國著名社會科學家喬治・蓋洛普博士，創立全球最大的諮詢公司「蓋洛普」，這家公司被譽為諮詢業的鼻祖，致力於測量和分析人的態度、意見和行為，是世界公認的權威。蓋洛普以科學調查為基礎，推出核心產品「優勢理論」，幫助許多人發現自己的優勢。

「優勢理論」指出：一個人能取得成功，關鍵在於能否彌補自身的缺陷，並充分發揮自己的優勢。要努力突顯自己的長處，而不是一味地彌補自己的短處。對於如何快速找出自己的優勢，蓋洛普公司的建議相當簡單明瞭：在自己的工作與學業中，你是否有機會做自己最擅長的事？

假如你的答案是肯定的，表示你正在發揮自己的優勢。假如答案是否定的，表示你只是為了工作而工作，實際上卻是在瞎忙。

那麼，對於經驗尚淺的決策者來說，如何才能快速找出自己的優勢？蓋洛普公司有幾點建議：

1. 認真地自我剖析，充分地認識自己。
2. 多在決策中展現自己，激發自己的潛能。
3. 學會獨立思考，用智慧發現自己的優勢，並根據優勢來制定適合自己的奮鬥目標。
4. 養成良好的習慣，只要有想法就立刻付諸行動。
5. 勇於挑戰自己，只有將潛能發揮到極致，才可以知道自己的能力究竟有多麼大。

6. 心理素質要足夠強韌，相信自己在某方面具有優勢，不因為他人的否定而動搖。

7. 多與身邊的同事和朋友交流，並從中找出自身的優勢。

第7天

天生笨懶慢？錯！學會善用每天的「黃金時段」

「『時間管理』其實是一個誤稱，我們的挑戰不是管理時間，而是管理我們自己。」

——勵志作家史蒂芬・柯維

美國最著名的管理大師彼得・杜拉克，在他的著作中寫道：**「世界上最值得珍惜的資源是時間，除非你能夠讓它發揮最大的功能，否則你將一事無成。」**

時間管理是決策者的必修課，但現實情況告訴我們，很多決策者其實不擅長管理自己的時間，他們不知道在哪些時段做決策的效率最高，甚至不知道自己一天的時間是怎麼用掉。

很多決策者都有「時間判斷失誤」的經歷，明明感覺還有很多時間可以用來完成自己的決策，但一轉眼時間就不夠了，於是只能匆匆做出決定，導致決策失誤率不斷攀升。

古希臘人認為時間有兩方面：鐘錶時間和沉浸時間，而鐘錶時間之外的時間才有意義和價值。現代人對於時間也有類似的區分，也就是所謂的「客觀時間」和「主觀時間」。很多決策者出現拖延行為的另一個主要原因，就是主客觀時間意識的偏差。

客觀時間是不可更改的，一般用日曆或鐘錶來衡量，比如我們都知道每年有一個二月十四日、電影在六點三十分開場、課間休息時間為十分鐘。這些時間都是可預知、可量化的。主觀時間則是我們對於時間的預知與判斷，不可量化也無從比較，是我們對於鐘錶之外時間的經驗。

有時候，我們感覺時間過得很快，轉眼就過了很長一段時間。有時候，我們卻覺得時間過得特別慢，就像蝸牛爬行一樣。

有些人就是因為主觀時間與客觀時間的嚴重衝突，才出現拖延的情況，主觀時間告訴他們「時間還有很多」，然而客觀時間其實已經少得可憐了。

每個人對主觀時間的感受都不一樣，很多因素都會影響我們的時間感。科學家已發現，在全身的細胞層面上運作的「時鐘基因」，控制一些人體日常活動，例如：睡眠、甦醒等。

大腦有許多不同的時鐘基因，其中有一種時鐘基因負責協調。時鐘基因讓某些人在早上工作效率特別高，而另一些人成為夜貓子。**正常情況下，我們的大腦能妥善判斷時間，但我們對時間的感知也可能受到注意力、情緒、預期、前後背景等因素的影響。**

美國心理學家菲力浦・津巴多說：「人們參照過去、現在和未來的不同座標，來感知時間。如果只是局限於某一個時間座標，生命觀就會發生偏差，進而受到局限。可參照三種不同時間座標並保持平衡的人，最能適應社會發展的步伐，更能充分地享受生活。」

主觀時間判斷有偏差的人容易出現拖延行為，因為他們總是認為時間很寬裕。

當他們感覺到時間緊迫時，通常已經來不及了。

最新的時間管理課程指出，決策者的大腦每天都有七個黃金時段，如果決策者能夠根據時段，合理安排自己的工作與生活，便能讓自己的工作更有效率，生活更加愉悅。這七個黃金時段分別為：

第一階段：上午七點到九點

這時候人體的免疫力最強，各種生理激素分泌旺盛，是保持一天良好狀態的開端。起床、洗漱、吃飯、上班等事，都集中在這一時段內。決策者要調整好自己的心情，準備迎接一天的挑戰。

第二階段：上午九點到十一點

這個時段大腦中的壓力荷爾蒙相對較低，能夠充分地集中精神，進行分析、思考性質的工作。

根據國外的權威研究發現，在上午九點到十一點的時段內，無論年輕人還是老年人，反應都最快，這是一天中智力水準最高的時段。所以，一定要好好把握這個時段，安排重大而複雜的工作，比如解決難題等。

第三階段：上午十一點到下午兩點

這個時間內，體內的褪黑激素和貶眼荷爾蒙水準降到較低，因此把握這個時段應付艱巨的工作，才是最明智的選擇。

根據德國科學家的研究調查，這個時段人體已做好充分的準備，能夠快速地反應。所以，可以解決一些溝通性質的工作，例如：和客戶見面、回覆煩瑣的電子郵件等。不管做什麼，都要一件一件完成，若同時做幾件事，會讓注意力分散，效率自然降低。

第四階段：下午兩點到三點

這時候體內的血液會從大腦轉移到胃部，幫助你消化午餐，因此你覺得十分困倦。

哈佛大學的研究證明，這一時段，人體內的晝夜節律，也就是管理睡眠和甦醒的生理時鐘明顯下滑。這時候最好放下手上的工作，好好休息半小時，或者逛Facebook、看電視。如果非要工作不可，可以喝一點水或者到外面散步，幫助血液流回頭部，進而不再那麼困倦。

第五階段：下午三點到六點

這個時段的大腦已經十分疲憊，但是這不意味我們可以放棄自己的工作。根據密西根大學的研究，這時候大腦雖然沒有之前那麼靈敏，卻變得更加隨和，因此可以考慮和同事溝通某些問題，或者和客戶深度交流。

第六階段：下午六點到八點

這個時段內，大腦中會生成一種特殊的物質，抑制對睡眠有益的褪黑激素生成，所以人不太會感到倦意。而且。由於荷爾蒙水準的晝夜更替，人的味覺在這幾個小時會提高。可以把握時間好好休閒。

第七階段：晚上八點到十點

這個時段人體的褪黑激素水準迅速升高，我們會從完全清醒的狀態轉換到困倦狀態。同時，與活躍相關的神經傳遞素「血清素」的水準開始變弱。

這時候你應該儘快躺下來，讓自己的身心放鬆。可以選擇看部電影，或者從事自己喜歡的活動，儘量不要處理工作上殘留的問題。好好地睡上一覺，保證第二天精力充沛。

決策者應該掌握好這些黃金時段，才能提高決策的效率和正確性。

重・點・整・理

- 決策影響未來，為了擁有更好的人生，必須培養良好的決策能力。
- 不同時空背景下，人們會有不同的需求，決策應遵照當時的實際需求，即使出錯也要學習如何補救。
- 妥善運用控制理性的左腦邏輯思維，與富創意的右腦直覺思維，培養快速推理能力。
- 依據性格不同，決策的思考方式也會不同。我們應該瞭解自己的性格偏向，找出最適合的決策方式。
- 優秀決策者的特質：把握最佳時機、具有執行力、能接受不確定性、避免模式化、懂得變通。
- 要找出自己的優勢，並善加利用，讓決策與人生更順利。
- 管理時間是每個人都必須學習的課題，掌握大腦的七個黃金時段，在不同時段做適合的事，讓工作與生活都更順利。

思考筆記

Logical Thinking

第二章

超速活化「僵化的大腦」

第8天

1+1=2嗎？錯！試著跳出常軌，你會有更多選擇

「當你想要把事情做好，或做得比原來更好，任何事情都可以創新。」

——普立茲獎作家約翰・厄普代克

哈佛校園中，時刻都瀰漫著自由的空氣，學生和學者在這樣的氛圍中思考、學習、研討，不用預設前提，也不會因為彼此的立場而劃分界線。**所謂自由，就是可以隨意做出改變，不受權威影響而僵化自己的思維。**在哈佛校園中，不會因為你是權威而受到特殊對待。

有一次，大名鼎鼎的經濟學教授達龍・阿西莫格魯，到哈佛大學舉辦講座，結

果在短短的一小時講座中，就被學生舉手發問打斷好幾次。一位哈佛學者還與阿西莫格魯展開激烈的辯論，讓阿西莫格魯大汗淋漓，這就是敢於挑戰權威的體現。如果我們一味地將權威當成真理，只會僵化自己的思維，當決策陷入僵局後，便無法脫身。

哲學家佩特羅尼烏斯說過：「大自然的力量不在於一成不變，而在於經常改變自己的法則。」決策者也只有經過改變，才能打破自己僵化的思維。

「1＋1＝2」是合乎邏輯的常態思維，也是人類的思維基礎。雖然這種思維並沒有什麼錯，但它形成習慣之後，就會在無意識中扼殺人們的創新動力，讓人們害怕做出改變。

「1＋1＝0、1＋1＝1、1＋1＝3……」是反常思維，也就是超越常規、做出改變之後的結果。如果在決策過程中遇到問題或陷入困境，只有嘗試做出改變，才能獲得新的解決辦法。

哈佛畢業生塞繆爾・利波夫曾說：「在哈佛讀書的中國留學生都是菁英中的菁英，他們之中可能會出現國家的未來領導人，如果他們喪失探索與思辨的能力，國家怎能持續不斷地發展下去呢？」

利波夫的話雖然有點偏頗，不過值得沉思：當我們面對決策問題時，是不是還保持著古老且僵硬的思維方式，而不懂得改變呢？

擁有反常思維、懂得做出改變的決策者，才能從一個現象出發，無限延伸思維，拓展到更廣闊的空間。當然，改變不是一件容易的事，因此決策者要做好以下幾件事：

一、給決策多一點時間

當需要做出人生中的重大決策時，傳統的觀念往往告訴決策者「要順其自然」，也就是說，只多花一點時間做出的決策，就是相對較好的選擇。最新的研究調查報告顯示，如果決策稍微延遲一點點，哪怕只是短短一分鐘，所做的選擇都會更加準確。

這項研究來自於哥倫比亞大學醫學中心，研究者找來幾位從事電腦工作的志願者，首先問他們問題，然後要求他們在想要回答，或者有信號暗示應該回答時，再給予回應。結果發現，由於志願者需要看到提示信號再回應，決策的時間變長，選擇也變得更準確。

為什麼會出現這樣的情況呢？研究人員指出，決策者如果能夠延遲五十到一百毫秒，才開啟選擇的過程，能讓大腦思考集中在最有效的資訊上，並摒除無關緊要的選項。

如此一來，**比起在決定上花費冗長時間和過多精力，延遲下決定的時機，能幫助我們更有效率地在短時間內獲得有效的答案。**

因此，決策者在面對選擇時，可以多給自己一點時間或者暫停片刻，哪怕是一個小時的停頓，也有助於做出更正確的選擇。

二、提高決策者的情商

哈佛大學做過一項調查，發現擁有較高情商的受試者能做出更好的決定。這項研究被發表在心理科學雜誌上，研究者發現，情商較低的受試者會因為生命中發生過的其他經歷，而產生焦慮，並影響到決定，至於情商較高的人，則不會出現這種情況。

在現實決策中，如果決策者能夠將自己的焦慮情緒，與當前面臨的問題分開，而專注於眼前的問題，或者至少切換到與眼前決定有關的情緒，他們更能做出正確且有效的決定。**情商高的決策者不會把所有情緒都拋開，只是拋開與決策無關的情緒。**

三、保持壓力的等級

毫無疑問，決策者總是受到壓力的負面影響。心理學家曾讓志願者把手放在冰水中，以製造壓力，結果發現志願者在這樣的緊張狀態下，會傾向於看到正面的資訊，而忽略負面的資訊。

當決策者在壓力中需要做出重大決策時，比如決定是否接受新的職位，決策者將注重自己在調換過程中的利益，而非潛在的消極影響。舉例來說，當決策者在權衡工作機會的利弊時，通常會更看重工資和假期時間延長的利，而忽略工作時間延長和通勤時間延長的弊。

決策者經常必須在各種壓力下做出決策。如果決策者想要做出更滿意的決策，就必須保持自己的壓力等級，增強管理壓力的能力，才能在困難的時候，理智地面對選擇。

四、改變「妄下定論」的情況

妄下定論就是在證據不夠充分，甚至沒有任何證據或理由時，仍然堅信某個結論一定是正確，並且不願意改變。**在做出結論前，應該反思自己的結論是否正確，是否能夠找到充分支持的理由。**

在日常生活中，可能遇過類似的情況。你做出某個自以為正確的決定，並認為自己擁有充分的理由和證據，可是當別人提出質疑時，你卻無法把自己的理由或者證據表達清楚，更無法說服別人。這時候，你可能已經被「妄下定論」的盲點蒙蔽。

有的人接受某些玄學、宗教的觀點，有的人特別相信非主流報刊的消息，有的人甚至把網路謠傳或道聽塗說的故事當成事實，這些人都在不知不覺中走入妄下定論的思維誤區。

總之，決策者必須學會做出改變，才能夠打破僵化的思維，做出更好的決策。

第9天

別讓經驗法則成為束縛，你得打破「思維定勢」的枷鎖

「不倦不厭是一種解放創意靈感的力量不可小看。因為樂此不疲，才有更大的決心去嘗試突破。」

——大提琴演奏家馬友友

哈佛大學的校徽上刻著「真理」二字，這是哈佛菁英努力追求的目標。除此之外，哈佛菁英看重的另一樣東西，就是創新的熱情。

對於決策者來說，沒有創新等同沒有思考能力，也失去了自己的個性。這樣做決策，只會被過去的經驗束縛，困在無解的迴圈裡。

很多決策者喜歡套用過去成功的經驗，來解決當前的問題。只不過，隨著時間的流逝，過去的經驗不一定符合現狀，如果昧於既往經驗不求改變，將對決策極為不利。

沉醉於自己功績裡的人，總是喜歡把所有的情況都拿來與過去的經驗對比，並且希望從中尋到相同之處。**人雖然不得不從經驗中學習，但是在面對現實決策時，經驗也不一定完全適用。**

即使是再優秀的決策者，在思考問題時，也難免會受到以往經驗或者固定的、模式化的思維影響，進而做出判斷和選擇，有時候甚至會掉入「慣性思考」的陷阱，導致決策失誤。

什麼是慣性思考呢？它是我們長期以來形成的一種習慣性、具有固定模式的思考方式。雖然它的正確性確實經過驗證，卻會大大影響決策能力，讓人跳進過去的泥沼裡不能自拔，卻對此毫無意識。

我們總覺得自己的決定理所當然，但問題就出在這裡：**很多你以為最正確、最合理的東西，可能只是被慣性思考限制的結果。**

在決策過程中，慣性思考既有積極的一面，也有消極的一面，我們應該如何看待呢？

一、慣性思考的積極作用

在決策過程中，慣性思考是一種「以不變應萬變」的策略，能夠快速解決大部分的問題。它能夠把當前遇到的問題，與過去類似的情形進行對比，找到兩者之間的共同點，然後透過經驗發現解決新問題的方法。

具體說來，慣性思考具有以下三種積極作用：

1. 幫助縮短思考時間，提高決策效率。平常生活中遇到的九〇%以上問題，都能透過經驗解決。

2. 讓決策者擁有明確的方向及清晰的目標，避免盲目地進行決策。

3. 決策中遇到的各種問題，都需要用相應的常規或特殊方法去解決。慣性思考能夠幫助決策者對症下藥，因為它是解決問題的思維核心。

二、慣性思考的消極作用

在面對決策中的全新問題或突發事件時，慣性思考會讓我們走入誤區，甚至在處理問題時受到侷限，顯得刻板、呆滯，例如以下幾點：

1. 當決策問題發生變化時，決策者容易墨守成規，很難湧現全新的創意，做出全新決策。

2. 不同事物之間既存在相似性，也存在差異性，做決策也是如此。不過，慣性思考強調的卻是事物間的相似與不變，這樣的思維顯得過於僵化。

3. 慣性思考可能會對整個決策過程產生錯誤的引導。過於單一或教條式的思考方式，會讓自己陷入不自覺的僵局當中。如果思維的圈子太窄、太固化，很容易出現不知變通的情況。

哈佛大學十分重視培養學生的創新能力，不希望他們受到過去習慣的限制。在決策過程中，少一些慣性思考，就會多一些選擇，打開自己的思維，就多出迴旋的餘地。

那麼，為了讓自己的決策更加合理，我們應該如何拋開經驗法則，打破慣性思考呢？

方法1：改變自己的思維方式

當你陷入慣性思考的困境時，首先應該做的就是改變思考方式，要有否定當下和以往經驗的勇氣。可以嘗試運用逆向思維、換位思考、發散思維等，由一點到多點、由點到面、由此至彼，進行多向思考。**當你以不同的角度去審視同一個問題時，或許能夠得到完全不同的答案**，而其中肯定包括決策所需要的東西。

方法2：破除「知識經驗定勢」迷思

知識和經驗是不同的，它們的區別在哪裡呢？**知識是掌握與瞭解事物的現象及本質，而經驗則是如何運用所瞭解的事物及本質，它們又統稱為「知識經驗定勢」**。

1. 決策者必須知道知識經驗與創新思維的關係：首先，知識經驗會不斷增長、不斷更新，決策者在發現其局限性之後，會開闊自己的眼界，增強創新能力。其次，知識經驗具有穩定性，容易形成思維模式，從而降低決策者的創新能力。

2. 知識經驗容易在以下三個方面構成「思維枷鎖」：一是知識經驗本身就是一種框架，會讓決策者很難想到框架之外的事物；二是知識經驗不完全吻合於現實，所以過去的知識經驗不一定適用於現在或未來；三是知識經驗會為決策者提供唯一的答案，並扼殺創新思維。

方法3：要對自己充滿信心

打破慣性思考，無疑會給做決定帶來困難和挫折。尤其當決策者的自我認知遭到懷疑和顛覆時，自信心最容易受到打擊，有的決策者甚至會產生自我懷疑、自我否定。

面對這樣的情況，我們必須增強自信心，努力接受並運用全新的認知。也許之前的思維存在著一定的偏差，但是從認清這一點開始，就已經煥然一新了。因此，不必感到灰心、氣餒、甚至裹足不前，下一次做決定時，你肯定能夠做得更好。
在你拋開經驗法則，用全新的視角看待事物後，人生也會隨之改變。

第10天 擺脫先入為主的刻板印象，向偏見的無知說掰掰！

「人將會死，國家會建立亦會傾頹，但思想將永遠長存。思想可承受的遠大過死亡。」

——美國前總統約翰・甘迺迪

刻板印象是指，人們利用既有的固定印象，判斷或評價某些人和事物的心理現象。對於決策者來說，刻板印象能幫助他們快速探索資訊、洞悉概況，然後做出決斷，如此一來，可以節省大量的精力與時間，但容易使人走入「以偏概全」的思維誤區。

刻板印象如何影響我們的思維呢？舉例來說，很多人對於哈佛學生的印象，都是穿著樸實、勤奮好學、戴著高度數的近視眼鏡，默默地坐在角落裡用功讀書，這就是刻板印象。人們往往把單一的人或事，看作某類別的典型代表，進而將單一評價視為整體的評價，影響正確的判斷。

其實，真正的哈佛學生也存在個體的差異，他們有些人外形出眾、幽默、機智。每年的「哈佛美男」比賽，會顛覆你對哈佛學生的刻板印象。

有的決策者習慣把事物進行刻板性的歸類，當他們看到事物存在的部份共同特質，會自然地推論出，所有同類事物都具有這樣的特質，而且特別是對於自己不夠瞭解的事物，更容易產生這樣的推理。這種以偏概全的錯誤推理，對決策具有極大的危害。

比如說，我們去國外旅遊的時候，遇到的第一個荷蘭人十分有禮貌，我們會自然而然地認為所有荷蘭人都很有禮貌。再比如說，有的人認為老年人是保守的，年輕人是衝動的；北方人是豪爽的，南方人是精明的；美國人是開放的，英國人是紳士的。

刻板印象的主要特點包括：

1. 認識大多都屬於偏見，甚至是完全錯誤的。
2. 在同一社會、同一群體中，刻板印象有驚人的一致性。
3. 對個體及群體過於簡化的分類。

在決策過程中，人們總會多少受到刻板印象的影響，而且刻板印象一旦形成，就很難改變。

《心理科學》期刊上有一篇文章指出，**刻板印象的出現最初可能只是無心之舉，可是隨著人們不斷進行資訊交流，最終將變得不可動搖。**在決策過程中，刻板印象具有破壞性，會使決策者產生偏見和歧視。

舉例來說，我們在大街上遇到一個陌生人，刻板印象會為我們提供一套資訊基礎，在這種基礎之上，大腦能夠快速構建出對此人的印象，並且根據這種判斷，找到與對方打交道的方式。只不過，這種方式是否適用於對方，則無法保證。

心理學家指出，每個人都具有相似的認知偏見和局限性，會形成刻板印象。由於人們具有以偏概全的記憶偏見，導致決策過程變得越來越結構化，甚至難以做出改變。

關於刻板印象，還有一個有趣的實驗：

心理學家找來兩組大學生，給他們看同一張照片。只不過，在出示照片之前，心理學家告訴第一組大學生：「這是一個無惡不作的罪犯」，而告訴第二組大學生：「這是一位心地善良的詩人」。然後，心理學家要求兩組學生，分別用文字描述這張照片中的人物相貌。

實驗結果出來後，所有人都感到十分驚訝。第一組大學生大多描述：「從他深陷的雙眼可以看到仇恨的火焰；他突出的下巴彷彿預示他將走上犯罪道路的決心……。」相較之下，第二組大學生大多描述：「他深邃的眼睛顯得那樣迷人，好像可以從中看到思想的嘗試；他突出的下巴代表追求真理之路的堅定信念……」。

對於相同的特徵，描述方式卻截然不同。也就是說，同一個人的照片卻得到完全不一樣的評價，只因為先前心理學家對於此人提供不同的身份提示。由此可見，刻板印象的影響力有多麼巨大。

既然刻板印象對於決策具有破壞性和毀滅性的影響，那麼決策者應該如何克服刻板印象呢？方法很簡單，只要試著這樣做：

1. 對於決策資訊，要堅持眼見為憑，而不是過度相信片面的說辭，要有意識地重視和尋求與刻板印象不一致的資訊，然後做出理智分析。

2. 學會從宏觀的角度觀察，尋找不同個體之間的差異，並且不斷地發現和驗證刻板印象中與現實相悖的資訊，直到能克服刻板印象的負面影響，獲得準確的認識。

3. 避免簡單地看待事物，凡事既要根據常理做出判斷，也要掌握現實生活中的主觀感受，具體分析問題，並注意個別差異。

英國散文家威廉・哈茲里特說過：「偏見是無知的孩子。」**偏見產生於刻板印象，這是一種長期形成的心理習慣，並且深遠地影響人們的選擇與判斷。**

如果你想成為優秀的決策者，就要學會克服刻板印象，建構屬於自己靈活多變的思維方式，才能讓決策更加順利，也更正確。

第11天

為何人們喜歡自助旅行？因為喜歡它的不確定性

「我們唯一值得恐懼的就是恐懼本身，這是一種難以名狀、盲目衝動、毫無緣由的恐懼，可以使人們轉退為進所需的努力全都喪失效力。」

——美國前總統富蘭克林・羅斯福

自信的決策者懂得如何克服對不確定性的恐懼，他們不會要求自己對所有情況都黑白分明，也不一定要把握所有的細節。

舉例來說，經營者知道公司在馬德里設置的分部出現問題，不過他相信當地的管理者可以把問題處理好，所以自己不用親臨現場去指導，內心也不會因為不確定的因素，而感到焦慮不安。

哈佛大學的奧格・曼狄諾教授說：「一個人想要獲得成功，必須具備的要素有很多種，其中最重要的就是自信心。」由於決策過程本來就很艱難，如果在做決策的時候缺乏自信心，很容易讓決策失誤，不僅造成嚴重的後果，也錯失良機。

在面對決策中的不確定性問題時，缺乏自信的人總是猶豫、徘徊不定，不相信自己的決策能力，如此一來，連日常生活中最簡單的決策，也變得格外困難，甚至連穿什麼衣服上課、去哪家餐廳吃飯、看什麼樣的電影，都會讓他們感到為難和痛苦，因為其中存在不確定性。

想要培養自己的自信，就必須接受這樣一個事實：某些情況下人類可以探究到事物的真相，某些情況下卻只能接受一個模糊的世界。在二十世紀的西方思想界有兩個很重要的理論，一是還原論，二是宇宙可預測論。

支持還原論的科學家認為，只要人們能夠理解宇宙中最小的物質單位，就能理解整個宇宙。支持宇宙可預測論的科學家則認為，只要人們能夠創造出足夠大型的電腦，就能預測宇宙中的一切。

當然，這兩種理論都不符合現實，後來科學家開始接受混沌理論。這種理論認為，我們生活在一個由自然和人類行為主導的世界，很多事天生就無法預測。這些不確定性會讓決策者產生恐懼感。

知名演說家羅傑・道森鍾愛旅行，每年都會從百忙中抽出一個月自助旅行，多年來已走遍世界各地，至少去過九十二個國家。他希望自己在生命的最後一刻，可以告訴身邊的人：「我已經看到了一切！」

很多人認為，自助旅行充滿不確定性，因此對此感到恐懼，甚至不敢輕易嘗試。不過，對於羅傑・道森來說，這卻是一次次充滿期待和驚喜的旅程。

有一次，羅傑・道森臨時決定要展開旅行，於是買了一張環球機票，然後花五個禮拜向著日落的方向飛行。只要方向是朝著西方，他可以去任何想去的國家。

對於這次旅行，羅傑・道森沒有做任何計畫，也沒有預訂任何一家酒店。他先後到了塔西提島、紐西蘭、澳大利亞、新加坡、泰國，然後飛到法蘭克福，並在那裡租了一輛汽車，展開幾個星期的歐洲自駕旅行。最後，他在巴黎起飛，橫穿大西洋又回到美國。

這樣的自助旅行，對於很多人來說都是不可思議的，在出發前不做任何規劃，期間將遇到多少不確定的難題呢？

很多人把這種毫無規劃、充滿不確定性的旅行，當成一場噩夢，因為他們無法接受不確定的生活狀態，而是希望一切都被安排得井井有條，都在自己的掌控之中。雖然在做決策的過程中，這是一個非常好的習慣，但在情況緊急、需要快速做決定時，這卻會帶來很大的麻煩。

「商界教皇」湯姆・彼得斯認為，任何決策都會出現不確定性，要學會接受模棱兩可的灰色地帶。他還指出，決策的不確定性主要來自以下三個方面：

1. 對資訊掌握得不夠具體。只有充分掌握各種資訊，才能降低決策的不確定性。

2. 決策資訊或方案出現混淆，意味著決策具有一種以上的可能性。不過，隨著人們的知識增長，混淆終究會被逐漸釐清。

3. 資訊相互衝突，你知道某些地方出了問題，然而解決方法模棱兩可，必須取決於你自己的觀點。

在瞭解決策的不確定性來源之後，你才能克服不確定性帶來的恐懼。**事實上，任何一個決策都存在不確定性，重點在於你如何面對和克服它們。當你能真正接受這些不確定時，才能真正降低自己的決策失誤率。**

第12天

不確定性必然產生失誤，但成功者懂得從中發掘關鍵因素

「若我們等待他人或等待下一次，就不會有所改變。我們正是你我正在等待的人。」

——美國前總統巴拉克・歐巴馬

毫無疑問，在做決策的過程中，存在很多偶然因素，這些因素將提高決策的失誤率。哈佛菁英懂得如何辨別這些偶然因素，並且從中找到關鍵因素，這就是決策成功的秘訣。

換句話說，**偶然因素太多，容易讓決策者無所適從，特別是在面對人生的重大**

決策，或者情況緊急時，假如無法從偶然因素當中辨別關鍵因素，就無法做出正確的決定。

哪怕是最優秀的決策者，在面對各種偶然因素時，也無法保證自己的決策不會失誤。如何面對隨時可能出現的危機，如何在混沌中找到關鍵，是優秀的決策者應該思考的問題。

隨著人類的認知不斷提高，人們認識客觀世界時的重點，已經從必然性轉變至偶然性。以前的決策者講究決策的規律、確定性和必然性，但是現實告訴人們，只有迷亂無序的相對性和偶然性，才能詮釋決策的真諦。

在決策過程中，偶然因素帶給決策者莫大的煩惱。下面舉出一個艱難的決策案例：

在某個陰冷的日子，有一群可愛的小朋友在兩條鐵軌上玩耍嬉鬧，其中一條鐵軌正在使用，另一條鐵軌已經廢棄。正在使用的鐵軌上有九個小朋友在玩耍，而廢棄的鐵軌上則有一個小朋友。

這時候，一輛火車迅速駛來，你沒辦法通知小朋友離開，火車也不可能停下來，不過你正站在鐵軌的切換器旁邊，可以選擇讓火車駛向九個小朋友玩耍的正常鐵軌，或者一個小朋友玩耍的廢棄鐵軌。

這時你會做出怎樣的選擇呢？讓火車駛向正常鐵軌還是廢棄鐵軌？後者是犧牲一個小朋友，挽救其他九個小朋友。

此刻你的大腦一定在認真分析當下的情形：假如你和大多數人的思維一樣，可能會選擇讓火車駛向廢棄鐵軌，因為這樣做僅僅犧牲一個小朋友，而挽救更多的生命，不管從情感還是道德上來說，都顯得公正而理性。

不過，你必須想到另一個問題：那個在廢棄鐵軌上玩耍的小朋友其實沒有過錯，他選擇在安全地方玩耍，卻要為那些在危險鐵軌上玩耍的小朋友承擔後果，這樣是不是不公平呢？這個案例的選擇本身就是基於偶然因素，所以我們很難去掌控，並做出正確選擇。

其實，最正確的決定是：不要改變火車的軌道，因為大多數的孩子都知道那條鐵軌正在使用，當聽到火車的鳴笛聲時，會很快速地跑開。那個在廢棄鐵軌上玩耍的孩子沒有想過會有火車駛來，也沒有時間做出反應。要是切換鐵軌，最後的結果便可想而知了。

而且，那條廢棄的鐵軌肯定不安全，如果你讓火車駛向廢棄的鐵軌，會將整車的乘客都置於危險之中。也就是說，當你選擇用一個小朋友的生命，來挽救另外幾個小朋友生命時，也是選擇用整車乘客的生命來挽救那些小朋友，這樣的選擇顯然是不明智的。

無論怎樣的決策都會面臨很多偶然因素，它們是無法預知、無法掌控的，甚至很多決策本身就是一種偶然性。

在決策過程中，事物的單一性是容易掌控的，決策的偶然性卻存在太多變數，與多方面的事物產生聯繫，它的形成可能出於各種原因，這讓人無法推斷，偶然因素會給自己的決策帶來怎樣的影響。

那麼，我們如何才能掌控決策的偶然性，並且從偶然因素當中辨識出關鍵因素呢？

應對偶然性的最好方法，就是尋找偶然因素當中的關鍵因素，才能更確實地掌握整個決策過程。關鍵因素就是偶然性發生的根源、過程或狀態，想要辨別關鍵因素，首先應該明白偶然性與必然性之間的關係。從偶然性產生的原因來看，它與必然性存在以下關係：

1. 在做決策的過程中，必然性佔據主要的支配地位，將決定事物的發展和變化方向，而偶然性則處於從屬地位，能夠對過程產生延緩或加速的作用。

2. 偶然性的背後隱藏著必然性，並且受到必然性的支配。所謂偶然性，正是決策者在決策過程中無法瞭解和掌握的部分，正如恩格斯所說：「歷史事件似乎總是由偶然性支配，但在表面上由偶然性發揮作用之處，還是受到內部隱藏的規律支配，而問題只在於發現這些規律。」恩格斯所說的規律，是指事物之間形成的深度、廣度和各自不同的聯繫，特別是具有核心意義的本質性聯繫，這就是決策者需要把握的關鍵因素。

3. 在決策過程中，必然性源於事物內部的根本矛盾，貫穿於事物發展的始終，並且規定事物基本性質的矛盾，而偶然性則主要源於事物的外部矛盾。由於事物的發生多半是內因和外因的共同作用，所以把必然事件歸因於必然因素，偶然事件歸因於偶然因素是不合理的，這也是循環論證的體現。

總之，要避免決策失誤，就要學會從偶然因素當中辨別關鍵因素。

第13天

用15個心理測驗題，看出你是直覺還是理性

「除非你破除成規，否則你將無法快速行動。」

——Facebook創辦人馬克・祖克柏

每個人肯定都遇過這樣的情況：當你因某個艱難的決定而煞費苦心，甚至絞盡腦汁都無法找出解決方案時，暫時將自己的注意力轉移後，腦海中卻突然產生讓你感到滿意的解決方案，這就是大多數決策者推崇的直覺決策。

什麼是直覺呢？**直覺就是大腦對於事物中隱含的整體性、和諧性、次序性做出的即時洞察和反應，能夠引導人們跨越各種資訊的干擾，快速且簡單地做出最正確**

的決定。

在做決策的過程中，人們往往過於看重決策的合理性與邏輯，這屬於最基本的理性決策類型。不過，決策者過於理性，卻會走入另一個極端，讓自己的思維過於理性化，缺乏創意發想。

這時候，直覺能夠為決策注入些許活力，許多習慣跟著感覺走的決策者也有讓人嘆服的成功經歷。

雖然直覺決策具有更多的不確定性，卻能幫助決策者超越一切常規，在複雜的思維模式中另闢蹊徑。相對於常用的理性決策，直覺決策擁有以下幾個特點：

一、無法解釋

有時你會為一個難題所困擾，經過周密的思考也沒有找到答案，可是直覺卻給了最好的答案，這是無法解釋的。

舉例來說，德國數學家高斯在計算某個數學難題時，折磨了兩年之久，某天一個突如其來的想法讓他獲得成功。後來高斯回憶：「那個想法就像一道閃電，把所有難題都解決了。事實上，我自己都不知道，是什麼導線把我原先的知識和成功聯結在一起。」

二、高度簡化

直覺會高度簡化決定過程，忽略正常邏輯推理過程的細節，不進行資訊收集與分析，卻把握住最主要的環節，尤其是最後的結論。另外，直覺還讓我們不被細節干擾，從整體上把握事物。

三、表現突然

直覺決策是一種突發性的創造活動，對問題進行周密思考之後，在不經意間突然做出決定。直覺決策具有思維運動的突發性特徵，比如說，蘇聯化學家門捷列夫發現元素週期規律的關鍵靈感，就是在他提著箱子登上火車時突然出現。

除了以上三個特點，直覺決策還具有以下性質：

1. 一般來說，理性決策尋找的是最優解決方案，而直覺決策尋求的是最滿意解決方法。

2. 直覺決策過程並不是對細枝末節的思考，而是對問題的整體把握，即宏觀思考。

3. 直覺決策者一般都會參考自己的知識和經驗，制訂問題的解決方案。

4. 直覺決策過程是對比每一種方案，然後排除最差方案的過程。

5. 直覺決策者會在發現第一個滿意方案後就做出決定，而不管這個方案是否是最優方案。

6. 直覺決策可以避免理性決策思路的束縛，而發掘出更具有創新思想的決策方案。

7. 直覺決策的時效性更強。

福特公司前總裁李・艾柯卡曾說：「很多時候，我們不得不相信自己的直覺，因為它就像上帝一樣為我們指明方向。可是，我們又不能完全依賴自己的直覺，因為上帝不會一直在我們身旁。」

對於決策者來說，直覺像一把雙刃劍，正確的直覺能夠讓我們的決定事半功倍，錯誤的直覺則會將我們引入歧途，帶來無法估量的損失和錯誤。而且，直覺也和靈感一樣可遇不可求。

當我們收集了大量資料，進行全面思考後仍然難以做出決定時，不要一直糾結在「決定」，而應該先將問題從腦海中拋開，將自己的注意力轉移到其他地方，比如出去散步、聽音樂、閱讀等。也許當你不再為決定感到糾結時，反而能有一些新奇而有效的解決方案自己跳出來。

你是天生具有直覺決策能力，還是需要進行後天的培養呢？

在你認真思考這個問題之前，可以先做一個有趣的心理測試，在下面我列出15個問題中，請根據自己的實際情況進行回答，看看有多少描述相符。

1. 你認為學習電腦軟體的最好方式，就是將它先安裝進電腦，然後自己摸索一段時間，而不是一邊看說明書，一邊進行實際操作。

2. 你能夠按照自己安排的時間進行工作，因為你知道自己在什麼時候效率最高，而且每一天的高效時段是不一樣的。
3. 別人都說你的辦公桌非常雜亂，但是你自己很清楚什麼東西是放在什麼地方。
4. 你認為自己是誠實、正直、可靠的人，但有時候你不清楚自己的所作所為是否正確，不過這也沒關係。
5. 你缺乏一定的冒險精神。
6. 你喜歡解決各種問題，因為解決問題的過程讓你有機會嘗試各種可能性。
7. 你很容易對一件事感到厭煩。
8. 在決策過程中，你會傾聽專家的建議，但是不一定會按照他們的建議去做。
9. 當事實告訴你需要做出某些決定時，你內心卻會產生一種不應該有的奇怪感覺，這時候你通常會聽從自己內心的感覺。
10. 去參加新朋友的生日派對，就算不知道具體路線也沒有關係，因為你可以等到他家附近，再向別人打聽路線。

11. 你認為多選題並不是非常有效的測驗形式，還是論文比較有效。
12. 很少有人說你是一個十分注重細節的人。
13. 你不喜歡和別人約定具體的時間和地點，這讓你感覺很受拘束。
14. 你很喜歡讀小說，尤其鍾愛非虛構類的作品。
15. 你身邊有很多憑直覺行事的人。

現在你可以統計一下，有多少條你可以肯定地回答「是」，有多少條可以回答「否」。具體的測試結果為：

6個以下：你的直覺是白鉛級，無論做什麼事情都需要經過理性、認真地分析，從來不會冒險。

6～8個：你的直覺是黃銅級，偶爾你也會有很好的直覺，不過總是需要用事實驗證自己的直覺是否正確。

9～11個：你的直覺是黃金級，在決策過程中你應該相信自己的直覺。

12個以上：你的直覺是鑽石級，所以你應該聽從自己的直覺行事，無論它是對還是錯。當然，為了防止萬一，在做重大決策時還是需要一點理性。

第14天

5種哈佛思維模式，激發大腦靈活思考的潛能

「美國最大的悲劇不是天然資源的浪費——儘管那也很悲哀，而是人力資源的浪費，因為一般人死去時潛力還未完全發揮。」

——醫師、作家奧利佛・溫德爾・霍姆斯

哈佛大學培育出無數世界級菁英人才，這些人之所以能夠成功，是因為哈佛大學教導與眾不同的思考方法。在做決策的過程中，我們很容易鑽牛角尖，這時候要學會轉換自己的思維。

決策過程是思考的博弈，當各種問題接踵而來時，應該以怎樣的心態面對，應

該尋求怎樣的解決方法，都是決策者必須面對的現實問題。

絕大多數的決策者都無法保持孩童時的想像力與創新力，人們的經驗越豐富，越容易被限制，而且隨著年齡的不斷增長，人們的思考方式會漸漸固定，並變得僵硬。在遇到問題時，思維更傾向於大眾化，恐怕只有少數的決策者懂得讓自己急轉彎，在必要時轉換思維。

如果你想成為優秀的決策者，必須學會轉換自己的思維，就像哥倫布發現新大陸一樣，你也可以另闢蹊徑，找到解決問題的新方法。

當年，哥倫布發現新大陸之後，很多人都瞧不起他，認為他沒有什麼學問，只是靠運氣做成一件誰都可以做成的事情而已。

有一次哥倫布參加一個酒會，有好幾位賓客在一旁嘲笑他，不過他沒有生氣，而是拿起一枚雞蛋對在場的人說：「你們當中，有誰能夠把這顆雞蛋立在桌子上？」

大家紛紛上前嘗試，想盡各種方法，但是都失敗了。正當大家一臉茫然時，哥倫布拿起雞蛋輕輕一敲，將它敲破一個小洞，然後將破損處放在桌子上，雞蛋就穩穩地立了起來。

哥倫布接著說：「這是最簡單不過的事情，我想你們每個人都能夠做到，但是你們卻沒有想到，而我發現新大陸也是同樣的道理。」

關於轉換思維，還有這樣一個值得決策者學習的經典案例：

英國的社會保障制度非常完善，能夠給職工提供較高的薪資福利，不過想要在英國找到一份合適的工作卻很難。有一位畢業於知名大學新聞科系的英國青年，為了找到一份自己喜歡的工作跑遍全國，卻在競爭激烈的人才市場上處處碰壁。

有一次，他來到著名的英國《泰晤士報》編輯部，鼓起勇氣問招聘主管：「請問，你們還需要編輯嗎？」

主管不苟言笑，冷漠地說：「不需要。」

他又問：「那還需要記者嗎？」

主管依舊冷聲說：「也不需要。」

他並沒有放棄，繼續問：「那麼，你們還需要排版工或者校對人員嗎？」

主管不耐煩地說：「都不需要。」

年輕人吸了一口氣，從包裡掏出一塊製作精美的告示牌，遞給主管說：「那你們肯定需要這個……。」

主管接過來一看，只見上面寫著：「額滿，暫不招聘。」

年輕人充滿智慧和誠意的求職行為打動了主管，最後被英國《泰晤士報》破例錄取。

由於他擁有優秀的新聞專業知識，在英國《泰晤士報》裡表現十分突出，二十年以後他便成為這家世界級大報的總編。這就是轉換思維的成果，也是決策者應該學習的地方。

哈佛大學一向堅持培養學生的思維方式，幫助學生建立自我思考的能力，以此為基礎更確實地瞭解及評估自己，同時最大限度地激發學生不同的潛能。

思維能力並非天生，而是透過後天不斷努力鍛煉。縱觀哈佛大學心理學和教育學的課程，不難發現其提倡的思維方式大致可以分為五種類型：長效思維、創造性思維、集體思維、逆向思維，以及假設思維。

第一、長效思維

這種思維屬於預測、推論的方法。也就是在決策之前，先**進行合理化的分析，推測各種結果，預測可能出現的問題以及對策**，透過這種方式鍛煉大腦，形成有效的思維回路，能以最快的速度找到更有邏輯的解決方案。

第二、創造性思維

創造性思維屬於邏輯思維的一種，**在學習中將觀察時獲得的感性材料，進行分析、抽象、概括、類比，得出初步的結論，形成理論上或科學上的假說，並想辦法驗證，最後得出結論。**

想要獲得創造性的思維，首先要學會觀察，創新往往是建立在大量的經驗之上。其次要善於發散思維，遇到問題多角度思考，不要怕走彎路或出錯等。最後要勇於堅持，持之以恆也是創造性思維的必要條件。

第三、集體思維

哈佛大學的課堂上，少有以個人為單位的學習方式，學生通常以小組為單位進行討論和研究。這種集體思維方式可以**促進不同學生之間的互動交流，取長補短，交換思考，角色思考等**，大幅提高學生的思維方式，這也是群策的基礎。

第四、逆向思維

逆向思維是一種與傳統思維方式相反的思考方式，它的優勢在於**避開傳統思維中可能遇到的難點，逆向將不利因素變為有利因素**，相當於數學中的「反證法」。逆向思維的鍛煉，有助於大腦形成多個回路，在解決問題的時候，大腦能從多個方向搜索，以便以更快的速度完成策劃和推導。

第五、假設思維

假設是大腦最基本的功能之一。在學習原子學的時候，你不可能直接看到中子或者質子，需要透過經驗和規律去假設，才能分析出各種元素的不同電子軌道等，這就是一種假設性的思維。

假設是想像力的前提，也是大腦自我開發的重要途徑。有研究表示，一系列的假設問題，可以同時運用大腦的多個功能區域。也就是說，經常「胡思亂想」的人，後天智商往往更高。

以上五種思維方式，可以在決策時相互轉換，透過刻意改變思維方式，能夠幫助你開發大腦中不常被使用的部分，而這樣的思維鍛煉可以強化你的大腦，建立屬於自己的思維模式。

當然，你也不必被這幾種思維方式束縛，在決策過程中應該盡可能運用新型的思維方法。

在這裡，我有幾點建議給讀者：

1. 面對常規問題的時候，不要只想著以常規的方法去解決，要善於運用發散性思維和逆向思維進行思考。
2. 不把每件事情都當成理所當然，好像一些問題就必須那樣解決，一些方案就必須那樣制訂。
3. 你必須明白，知識和思維是緊密相連的，但並不是知識越豐富，思維能力就越強。
4. 要懂得堅持和有始有終，更要有勇氣堅持自己的想法。

重·點·整·理

- 遇到困難時，必須學習改變自己的思維方式，才能突破困境。
- 經驗法則容易讓人不知不覺循著「慣性思考」的模式，當陷入慣性思考中，應該嘗試跳脫，才能找到不同的視點。
- 刻板印象對於決策具有破壞性與毀滅性，所以要堅持眼見為憑，避免過於簡單地判斷事物。
- 生活中充滿可能影響決策的不確定因素，因此應學習克服對不確定性的恐懼，以降低決策失誤率
- 決策中充滿難以尋找真正原因的偶然因素，必須認識偶然性與必然性的關係，才能做出更好的決策。
- 直覺思考的特點：無法解釋、高度簡化與表現突然。在邏輯理性思考之外，也需借重直覺思考的協助，讓決策更完善。
- 經驗越豐富，越容易被習以為常的思維模式套牢，因此應學習培養不同的思考方式。

思考筆記

思考筆記

Logical Thinking

第三章

超速學習專注的能力

第15天 拆解哈佛大學最熱門的行為心理學

「成功比較倚賴不斷地運用常理，而不是倚賴天賦。」

——哈佛應用物理博士王安

哈佛大學被譽為「思想的寶庫」，它重在培養學生的思維能力，這也是決策成功的基礎。

當決策出現問題時，優秀的決策者懂得運用思維的力量，抽絲剝繭，找出最終的解決方法。**我們可以把決策的過程看作解決問題的過程，這正和哈佛大學的教育宗旨不謀而合：教育的真正目的，是讓人不斷提出問題、思考問題、解決問題。**

有時候決策問題是紛繁複雜的，所以決策者必須學會掃除迷霧，找到核心所在，並思考其解決方案。擁有較強思維能力的決策者，往往能夠對問題進行細緻的分析，從有效的資訊中得到實質性的結論，這對於決策十分有益。

哈佛行為心理學將思維的過程分為以下幾個方面：

一、分析與綜合

思維的最基本環節就是分析與綜合。分析是把事情、現象或者概念分成較簡單的部分，找出每一部分的本質屬性和彼此之間的關係，再單獨進行剖析、分辨、觀察和研究；綜合就是把各個部分、各個方面、各種特徵結合起來，進行全盤考慮的思維過程。

在決策過程中，分析與綜合產生不同的作用：**分析讓人更深入認識事物的基本結構、屬性和特徵；而綜合使我們完整、全面地認識事物，更確實地把握事物之間的聯繫和規律。**

二、比較與分類

比較是**將決策中的各種現象或問題進行對比，從而發現它們之間的異同，幫助決策者認識、把握事物的屬性、特徵和相互關係。**只有經過比較，區分事物間的異同點，才能更確實地識別事物。

分類則是**根據事物或現象存在的異同，把它們分為不同種類的思維過程。**它建立在比較的基礎上，將擁有共同點的事物劃為一類，再根據更小的差異將它們劃分為同一類中不同的屬性，以揭示事物的從屬關係和等級系統。

三、抽象與概括

抽象思維就是**透過大腦將事物或現象的共同特徵抽取出來，並且捨棄個別或非本質特徵的思維過程**，比如說，我們對「人」的認識，可以分為男人、女人、大人、小孩、工人、軍人、商人等。

概括則是在頭腦中**把抽象事物的共同特徵綜合起來，並類比到同類事物中，使定義普遍化的思維過程。**例如，我們把「人」的本質屬性：能言語、能思考、能製造工具綜合起來，推廣到全人類，指出「凡是擁有上述特質的動物都是人」，這就是概括。

四、具體化與系統化

具體化是指將大腦中抽象或概括得到的所有原理及理論，與具體事物聯繫起來的思維過程，也就是**用原理解決問題，用理論指導活動的過程**。

系統化是把理論與實踐、一般與個別、抽象與具體結合起來，**使人更確實地理解知識、檢驗知識，不斷加深認識**。

如果你也想成為哈佛菁英那樣的決策者，就要瞭解思維的過程，並且懂得利用不同的方式處理問題。

其實，透過抽絲剝繭，你也能夠像優秀的決策者那樣找出解決問題的方法。下面我將告訴你幾個基本步驟：

第1步：提出問題

對於普通人來說，最困難的部分就是提出問題。很多人知道目前的情況不對勁，可是又無法明確地提出問題。

為了找到真正的答案，你可以事先思考以下幾點：

1. 我打算怎樣發現問題？
2. 我想知道什麼事情？
3. 我會遇到什麼樣的困難？
4. 如何去解決困難？……

你可以提出各種問題，然後再透過思考與分析，盡可能找到更多的答案。

第2步：分析情況

當你提出問題之後，接下來要從當前環境中找出各種線索，分析不同的情況。你應該強迫自己，盡可能尋找有關問題的各種訊息，直到你能夠做出準確可信的判斷為止。

在分析情況的過程中，一些有幫助的基本問題如：

1. 誰能夠幫助你解決這個問題？
2. 為了解決這個問題，你已經做了哪些工作？
3. 在什麼地方能找到解決這個問題的相關資料？
4. 這些資料對你有什麼幫助？
5. 你已經擁有哪些資訊？

第3步：找到方法

當你提出問題，並分析情況之後，可以開始尋找解決問題的方法。

在這個步驟，你要先避免尋找乍看之下合情合理的答案，因為可能還有其他解決方法。尤其在採納現成方案時要特別小心，如果其他解決方法看起來更適合目前的問題，就要理智地分析兩者的情況有哪些異同，再考慮要不要採納其他方法。

此外，要養成隨時記錄的習慣，因為只存在於腦袋中的想像，很容易出現謬誤偏差，所以你要將可能有用的資訊寫下來，變成容易掌握的文字或圖像，更確切地發現它們的優缺點。

第4步：檢驗證明

最後，也是最重要的一步：檢驗和證明。當找到好的解決方法之後，必須看看這些方法是否有效，是否能夠真正解決你所提出的問題。

第16天

如何為行動立下明確指引？學5原則設定清晰目標

「成就大事業的人都有一個共同點，就是將目光放在高處。有時，那甚至看似遙不可及的幻影。」

——作家奧里森・馬登

每一位決策者在解決問題或做出判斷時，都少不了清晰的目標，這是茫茫大海中的明燈，能夠提高決策者的識別能力，給人正確的指引。如果沒有清晰的目標，就會導致猶豫及拖延，最終使決策出現失誤。

決策過程中，如果能夠集中精力在清晰的目標上，自然能夠快速做出判斷。設定目標時，必須符合以下原則：

一、具有明確性

比方說，將提升個人能力作為目標而沒有具體條件，這樣的目標就過於寬泛，缺乏明確性。設定的目標越明確具體越好，最好能夠將其量化。

二、具有量化特性

目標應該有一組明確的數據，而且這組數據必須具備漸進性，作為定期追蹤、衡量目標達成進度的依據。這樣人才會有緊迫感，並循序漸進地實現目標。

三、具有可達成性

目標的可達成性主要包括兩個方面，一是目標應該在當前狀態具有實現的可能，二是目標必須具有一定的挑戰性。如果目標是不可達成的，將會失去意義，反之，沒有挑戰性則無法帶來進步與收穫。

四、具有時限性

很多人一生庸碌無為，那是因為他們在面臨選擇與判斷時，總是拖拖拉拉，沒有要求自己必須在一定時間內完成。任何一個目標都應該設有時間限制，否則就無法檢視效率。

五、具有可分解性

目標有大小之分，具有可分解性的目標，可以分解為多個小目標，也更具有可實現性。再遙遠的目標，如果能逐一分解成一個個小目標，便能有效降低實行時的心理壓力。

設定目標是一個持續，且可以隨著時間發展不斷修正的過程。在設定目標時，除了遵行以上原則，還應該注意以下兩點：

1. 充足且有意義的理由。無論設定怎樣的目標，都該為自己找出充足的理由，重要的不是做了什麼，而是為什麼要去做這些事情。

2. 記錄比記憶更重要。當你設定目標時，請用白紙黑字寫下來，或者用文檔、備忘錄等形式記錄，如此一來，你就會更加重視自己的目標，更想要實現它。

總之，在決策過程中根據目標進行判斷，能夠提高決策者的識別能力，也讓決策者擁有更加清晰明確的行動方向，讓決策成功更有保障。

第17天 克服3種分散注意力的要素，發揮專注的力量

「習慣如同金融資本——今天形成的習慣像是一個投資，在未來的歲月裡將自動帶來報酬。」

——勵志演說家尚恩・艾科爾

哈佛學生大多博學多才、涉獵寬廣，不過他們也懂得「術業有專攻」的道理，正如哈佛前校長洛厄爾在校園大會上所說：「受過教育的人，應該對事物有廣泛的認知，同時也必須具備在某項領域精通的能力。」這正是哈佛人所推崇的專注精神。

養成專注的好習慣，也是避免決策失誤的必要條件，神經學專家及行為心理學家認為，人的大腦在連續處理同一件事情時，能夠發揮最大的功效，失誤率也會大大地降低。

哈佛大學第一位獲得終身教職的女性心理學家埃倫·蘭格指出：「專注是一種極有價值的行為，可是很多人都不夠專注，這也是導致他們失敗的主要原因。」專注力不僅是心理健康的標準，也是能否取得成功、做出正確決策的關鍵。養成專注的好習慣，決策時也會更加得心應手。

不過，大多數人還是缺乏應有的專注力，心理學家將缺乏專注力分為三個類型：自動行為、類別陷阱，以及行為角度單一化。

一、被「自動行為」所影響

人很容易受到自動行為的影響，當處於某種慣性思維中，人會自動利用周圍有限且部分的資訊，同時忽略其他資訊。

一般人在沒有意識的狀態下，也能做出一些複雜的行為，例如：閱讀、寫作等，這些行為多半是出於自動，而沒有完全受到清晰的意識支配。同理，很多人做出選擇與決定都是出於自動的反射動作，而這種自動行為也是缺乏專注力的表現。

二、設置「類別陷阱」

在面對複雜的問題或事物時，人很習慣地將它們區分成不同的類別，以便更清晰地認識和理解它們，然而，這很可能影響決策力。

事實上，一個缺乏專注力的人，往往過於依賴既有類別，以及區別既有類別的規則，例如：男人和女人、老人和小孩、成功與失敗。這些區別產生之後，會在大腦中留下深刻的印象，甚至成為決策理論依據。

三、「行為角度單一化」

所謂「行為角度單一化」，是指決策者總是照舊處理，並且認為那是唯一可循的章法。舉例來說，一般人做飯時會按照食譜的步驟，決定放置食材的順序，以及選擇調味品等，假如其中一個步驟出錯，有些人會認為整道菜都毀掉了。

在這個過程中，人們將食譜裡的步驟當成唯一的章法，而忽略自己的口味，也沒有想過改變步驟，可能會創造出一道全新的美食。

行為角度單一化會直接影響人的專注力，在單一刻板的章法進入大腦後，思維就像緊閉外殼的貝類，再也無法接收其他有用的資訊。這種封閉的狀態會嚴重影響決策過程，讓人在不自覺的情況下出錯。

缺乏專注力的問題主要表現在以上三個方面，只要懂得如何克服，就能夠運用專注的力量，讓自己做出最正確的決定。

第18天

一次世界大戰，為何一隻波斯貓讓法軍露出馬腳？

「先有堅定的信念，才有不凡的行動。」

——作家詹姆斯・弗里曼・克拉克

哈佛大學的校訓：「與柏拉圖為友，與亞里斯多德為友，更與真理為友。」可見得，對於哈佛菁英來說，追求真理是多麼重要。

那麼，真理是什麼呢？真理就是人們對於客觀事物及其規律的正確反應，也就是事物存在的本質。

人必須集中自己的目光，透過現象尋找事物或問題的本質，才能夠在複雜多變

的時代中，佔有一席之地。任何事物都有表面現象與本質的區別，我們經常被假象誤導，無法看清事物的本質。因此，要培養自己透過現象尋找本質的能力，才能擁有一雙慧眼，準確地判斷各種資訊的真偽。

在決策過程中，各種資訊紛繁雜亂，各種變化層出不窮，這些表面現象會影響人的判斷，讓我們的觀察及判斷能力大打折扣，導致決策失誤。

雖然表面現象會影響判斷力，不過事物的本質是不變的，比如說，我們能夠透過一個人的言談舉止，洞察他的內心世界，瞭解他的情緒變化。俄國作家果戈里有一篇名叫《欽差大臣》的小說，就是描寫市長等高官不辨真偽，將騙子誤當成欽差大臣而引發的一系列鬧劇。

現實決策過程中，經常出現需要分辨真偽的情況，所以我們必須學會透過現象尋找本質的能力。只有不再被表面現象誤導時，才能夠準確地洞悉隱藏在一切假象背後的真相，進而知道以怎樣的方式，面對決策中遇到的各種難題，並掌握決策的主動權。

想要擁有尋找本質的能力，就要有意識地啟動自己的思維，學會在思考問題時認真觀察，發現事實，提出看法，然後從中尋找關鍵點。

創新思維之父愛德華・德・波諾認為，在決策過程中，要搜尋思維的某些現象或模式，重點就是確定你的目標，然後縮小範圍進行觀察，並做出判斷。經過持續的訓練，就能夠提高識別能力，更加客觀真實地認識事物的本質。

愛德華・德・波諾將這種方法稱為「目標識別」，就是將觀察對象的關鍵特徵與頭腦中有關概念聯繫。「目標識別」是透過各種表面現象，先在大腦中確立某一思維類型的關鍵現象、本質、看法等，再將精力集中在目標上。這樣的思維方式能夠帶來以下三種幫助：

1. 可以有意識地注意到思考的過程。
2. 能夠找到不同的思考模式和思維類型。
3. 能夠找出特定的現象，並且採取相應的行動。比如，當出現關鍵跡象時，可以透過其他部分，將注意力集中在核心關鍵。

第一次世界大戰期間，德國和法國交戰時，法軍司令在前線修建了一座極其隱蔽的地下指揮部，指揮部裡的士兵深居簡出，十分神秘。

然而百密仍有一疏，法軍只注意士兵的隱藏，卻忽略一個小地方。德軍的偵察人員在觀察戰場時發現，每天早上八、九點鐘左右，會有一隻波斯貓在法軍陣地後方的一座土丘上曬太陽，於是他們判斷：

1. 那隻波斯貓不可能是野生的，因為當地並沒有這個品種的貓，就算有，也不會在白天出現在交戰區域。

2. 那片墳地十分偏僻，附近並沒有住戶，所以那隻波斯貓不可能來自附近的人家，而且波斯貓十分名貴，很可能是上級軍官的寵物。

3. 波斯貓每天都在同一時間出現，又在同一時間消失，很顯然牠的棲息地就在墳地附近。

德軍作戰參謀經過思考和分析之後，毅然地做出判斷：法軍指揮部就隱藏在墳地下面。雖然這位作戰參謀獲得的資訊很少，不過他透過多種角度思考、判斷，最終做出最正確的決策。

在現實決策過程中，決策者應該學會透過思考分析，看到事物的本質，而不是被事物的表面現象所誤導。事實上，任何一種事物的變化和發展，都有自身的邏輯關係，儘管表現形式可能千差萬別，但本質是不變的。

第19天

風險來臨，可以看出你是躁進魯莽還是勇於承擔！

「在快速變遷的世界裡，唯一確定會失敗的策略是：不冒險。」

——Facebook創辦人馬克・祖克柏

毫無疑問，不管是怎樣的決策，都存在一定的風險，並非最終都會成功。所以，**做決策不能夠一味求穩，還要有勇於承擔風險的精神。**

很多人做好萬全的準備，最後卻讓決策失敗了，為什麼呢？大多還是因為沒有提前預估好決策的風險。

生活中，無論做出怎樣的決策，其實都是在預測未來，例如：打算什麼時候買車、在哪裡買房、和誰結婚等。每個決策的背後有不同的盤算，人們在下決定以前，都會預測決策的結果，以及可能遇到的風險，但是這樣的「風險預估」其實並不可靠，因為從心理學的角度分析，無論遇到好事或壞事，人們總是習慣高估後果。

對於這種現象，哈佛大學的心理學教授吉伯特曾說：「很多事件最後的結果都讓人失望，因為它帶來的快樂程度沒有我們想像得強烈、持久。」在一般人的認知裡，損失帶來的傷害遠遠大於獲得帶來的滿足。

在決策過程中，人們總是想避免損失、風險和錯誤，然而這樣的渴望是不切實際的幻夢。因此，當風險發生時，我們應該如何面對呢？

答案是做好「風險決策」。所謂**風險決策，就是提前預估決策過程中可能出現的不可控制因素，以及可能出現的後果。**

事實上，決策的最大特徵就是風險性。關於風險，決策者必須清楚明白以下幾件事情：

一、所有決策都伴隨著風險

做決策本身是一項風險極高的事情，即使什麼都不做，也需要承擔風險，例如：

1. 缺乏獨立思考的訓練，養成惰性。
2. 影響人際關係，很難得到他人的幫助。
3. 放棄決定權，只能聽從他人的安排。
4. 過於依賴他人，給人留下「不負責任」的印象。
5. 在競爭社會中，「等待」意味著淘汰。
6. 沒有解決的問題越積越多。

二、風險決策與人的心理弱點

在評估決策風險的過程中，人的心理弱點扮演重要角色，比如自大和自我防衛，常常讓人做出錯誤的決定。我們通常高估壞事發生在別人身上的機率，而低估發生在自己身上的可能性。

心理學家做過一個調查，請民眾評估自己家產生有害放射物質的風險，得到的回答都是風險較低或者一般，幾乎沒有人說風險高。當心理學家追問原因，他們總能夠找出理由：有的人認為自己的房子很新；有的人認為自己的房子過舊；有的人認為自己的房子在山坡上；有的人則認為自己的房子不在山坡上。即使理由互相矛盾，但人們卻對此深信不疑。

不論什麼風險，人們總是樂觀地認為：「這絕對不會發生在我的身上」，這就是心理弱點對風險決策的影響。

三、影響決策風險的主要因素有哪些？

對於決策過程中面臨的風險，不能用單純的統計數字來評估，還必須考慮背景因素。

比如說，物理學家路易士在他的著作《科技的風險》中寫道：「一個步行的人每走一英里，被車撞死的可能性比開車的人還大。」如果僅從統計數字來看，是不是可以斷言開車比步行更加安全呢？

事實上，我們在衡量決策風險時採用的思考方式，往往與自己的生活環境息息相關。一個饑餓難耐的乞丐永遠不會在意，垃圾堆裡的爛蘋果是否沾有任何傳染病毒。一個出生在戰亂國家的人永遠不會擔心，自己乘坐飛去紐約的飛機是否會遭遇劫機事件。這些都是生活環境和文化背景對風險決策造成的影響。

此外，心理因素也會對風險決策產生重要的影響，例如：情況緊急的燃眉風險會造成恐懼感，而情況輕緩的遠憂則不會；讓心理認知尚不完善的青少年了解抽煙的危害，比讓成年人明白更困難。

在現實社會中，無論是個人還是企業，都必須勇於承擔風險。一味求穩、不敢冒險的人，很難在競爭激烈的社會中取得勝利。不去冒險並不意味著不會失敗，但肯定不會獲得成功。

風險和機會成正比，如果某件事情的風險較小，追求的人就會更多，而風險較大的事情，會讓多數人望而卻步。也就是說，如果你希望取得越多的回報，就必須承擔越大的風險。

善於抓住機遇的決策者，往往都是勇於承擔風險的人。只有勇於冒險、參與競爭，才可能獲得成功。如果只是一味求穩，在猶豫的過程中，別人已經遙遙領先。

當然，在決策過程中也要避免思慮不周、魯莽行事。如果不想在規避風險的過程中錯過機會，又不想過於魯莽使自己處處碰壁，最好能夠找到一個平衡點，不一味求穩，也不過於魯莽。那麼，具體上應該如何做呢？

一、立刻將想法變成行動

決策需要行動力，無論決策者打算做什麼事情，都不要猶豫考慮太多，只要覺得它是現實可行，就儘快將想法變成行動。因為等到萬事俱備的時候，很多機會早已遠去。

二、不要害怕請教別人

如果你認為自己瞭解不夠充分，又缺乏足夠經驗，就要請教身邊的人。如果一味地盲目行動，只會帶來無盡的災難。

三、給自己勇氣和力量

無論什麼樣的決策，只要有風險，就有失敗的可能。這時候你要做的不是畏懼和退縮，而是不斷激勵自己；「沒有風險，也不會有成功。」

四、以正確的心態面對失敗

由於風險的存在，決策失敗也是不可避免的。失敗並不可怕，只要決策者能夠調整好心態，在失敗中總結經驗，那麼失敗也只是成功的開始。

重·點·整·理

- 遇到複雜問題時，可以透過提出問題→分析情況→找到方法→檢驗證明的步驟，找出解決方法。
- 為自己設立清晰的目標，就能在決策過程中，集中精力於目標，快速地做出選擇或判斷。
- 專注力是能否取得成功的關鍵，為了養成專注的好習慣，要克服三種讓人不專心的思考習慣：自動行為、範疇陷阱、行為角度單一化。
- 運用目標識別法觀察對象的關鍵特徵，看出事物真正本質，避免被表面現象誤導。
- 任何決策都具有風險，應該學習正確評估，並在規避與冒險之間找出平衡點，做好風險決策。

思考筆記

思考筆記

Logical Thinking

第四章

超速練就減法的技術

第20天 最高明的方法，就是最簡單的方法

「生活就像橄欖球比賽，原則就是：奮力衝向底線。」

——美國前總統富蘭克林・羅斯福

哈佛商學院首席管理教授羅莎貝思・莫斯曾提出一個觀點：「經濟社會的下一個重大趨勢，就是單純化！」

在現今資訊大爆炸的時代，繁雜的資訊會讓決策越來越複雜，當大腦超負荷地處理各種資訊，將導致決策失誤。決策者必須要將思維單純化，因為在事實面前，你的想法越多，煩惱就越多。

單純化的思維，用通俗易懂的話來說，就是**敢於放棄，善於選擇，用最簡單的方式直指問題的核心**。這裡有一個具代表性的例子。

一位教授問他的學生：「如果在全家出遊時，你的母親、妻子和兒子同時落水，你會先救哪一個？」

有學生回答說：「應該先救自己的母親，因為母親養育自己，而且世界上只有一個。」

還有學生回答：「應該先救妻子，因為有妻子就會有兒子，而母親已經快走到生命的盡頭，死也無憾了。」

另外有學生回答：「應該先救兒子，因為兒子的年齡最小，還沒有體驗過人生的樂趣。」

這三種答案都沒有得到教授的認可，教授告訴學生：「其實你們都把問題想得太複雜，在危急的情況下，你根本來不及思考這麼多，你該去救離自己最近的那一個人，否則可能一個也救不了。」

很多人都習慣把問題複雜化，可是在決策的過程中，往往需要把複雜的問題簡單化。當我們用單純化的視角看問題時，不只能把簡單的問題單純化，同樣也能將複雜的問題視為簡單，前者可說是理所當然，後者卻只有優秀決策者才做得到。**普通的決策者只會用簡單的方法來解決簡單的問題，而高明的決策者卻能用最簡單的方法，來解決複雜的問題。**

要把簡單的問題複雜化很容易，要把複雜的問題簡單化卻很難。尤其決策者掉入思考陷阱之後，很難再跳出來。其實，很多看似複雜的問題，解決起來卻非常簡單。決策者如果能以最簡單的思維，面對決策中的大小問題，或許決策將變容易很多。

單純思維是指以「單純」為核心的思考方式。在日常生活與工作中，人們經常將思考單純的人理解為幼稚、沒深度，考慮問題過於簡單、不懂得靈活變通等。不過，從科學的角度來說，單純思維並不是貶義詞。

這類型的決策者能夠在觀察和解決問題的過程中，化繁為簡，減少很多麻煩。那麼，在決策過程中，我們應該如何做到呢？

1. 提出命題：這是非常關鍵的一步，你必須明確決策的根本是什麼，例如：晚餐在哪個餐廳吃、月底是否要上新品、總公司是否要在南部設立分廠等。這是整個決策過程的核心部分。

2. 決策分析：在明確定義決策後，就可以開始全面地分析決策，分析的內容主要包括：主要目的、決策中可能遇到的問題、需要收集哪些實際資料等。你對決策命題有一定的認識後，才能胸有成竹地進行分析。

3. 制訂方案：在分析決策後，可以針對問題制訂可選擇的決策方案。在這個過程中，決策者可以用擴散的方式發揮自己的想像力，尋找更多備選方案。這時候，過去的經驗和創造性思考可以同時發揮作用。

4. 確定方案：認真對比每個備選方案的優點與可行性，同時考慮到自身可利用的資源。

5. 執行方案：選出最佳方案後，應該立即付諸行動。這個時代也許不缺乏創意與好的決策，但並非人人都能夠妥善地創造及執行。同時，你要重視決策的重要性，如果決策本身失敗，執行將失去意義。

6. 追蹤檢討：在你做出決定之後，並非意味整個決定過程已經結束，還必須根據決定後的執行情況，進行追蹤檢討。決定是否正確，是否有效執行，是否朝著預期目標邁進，都是需要考慮和證實的問題。

第21天

目標分解：化整為零、逐一攻破的技巧

「關鍵不在於安排行事曆中的優先順序，而在於以優先事項安排行事曆。」

——勵志作家史蒂芬・柯維

決策過程中會遇到很多難題，有的難題複雜難解，就像堅硬的骨頭一樣，當不得不面對時，要學會分割。**解決大問題的最好方法，就是把它化為小問題，把大壓力化為小壓力。**

決策者學會分解問題之後，就能夠把難以完成的重大決策，分解為一個個可在短期內完成的小決策，這樣的分解法將有助於決策成功。把大目標分解開來，變成一個個容易實現的小目標，然後將其各個攻破，這樣就能一步步靠近終極目標。

很多時候，我們感到決策窒礙難行，甚至超出了自己的能力範圍，其實只是因為設定的目標離自己太遠。

關於「目標分解法」，這裡有一個令人印象深刻的好例子能夠說明：

一九八四年，在東京國際馬拉松比賽中，一位名不見經傳的選手淘汰了許多知名選手，成為黑馬，奪得比賽的桂冠。當時記者圍繞著採訪他，問他是如何戰勝那些實力強勁的選手，他只是很平淡地回答說：「我只是明白一個道理而已！」

這位選手體力一般，個子矮小，和其他選手相比，毫無優勢可言。他如何贏得比賽勝利呢？

後來，人們在他的自傳中找到答案。原來，在比賽開始之前，他乘車將路線認真觀察一遍，並且將其中容易記住的標誌記錄下來，一直畫到比賽的終點。設定完一個個目標後，他擬定完善的計劃。

在正式比賽中，這位選手以最快的速度跑到第一個標誌、第二個標誌，他心裡十分清楚自己接下來的目標是什麼，以及距離這個目標有多遠，他知道自己該在什麼時候加速，什麼時候蓄積體力。

這個方法讓他戰勝所有對手，第一個到達終點站。其他選手則將自己的目標定在遙遠的終點站，卻因距離太過漫長，在中途就疲憊不堪。

這位黑馬選手將最終目標，分解成無數個容易到達的小目標，有計劃地向前奔跑，每到達一個目標都會給他一種成功的感覺，並激勵他繼續向下一個目標前進。

因此在決策過程中，當我們有具體的目標之後，要懂得將重大目標分解出一個個小的目標，逐一攻破。

為了實現最終目標，你必須考慮以下幾件事情，進而制訂出一個完美而詳盡的計畫表：

第1步：確定你的核心目標

制訂計畫之前，你應該確定自己的核心目標，一個人可以有一個，也可以有無數個，將這些目標都寫下來，然後相互比較，選出一個最重要的核心目標，再將其他目標按照優先順序排列。

第2步：寫出實現目標的具體步驟

有了核心目標之後，根據核心目標寫出計畫的具體步驟。其中包括實現目標的現實條件、所需要花費的時間和資源，以及可能出現的狀況等。將大的核心目標分解成許多的小目標，慢慢實現最終目標。

第3步：按時完成計畫

很多決策者制訂具體計畫，卻不能按時完成，所以必須為計畫打上「時間戳記」。比如說，你將目標完成的時間定在二月，就一定不能拖延到三月。今天的事情要今天完成，因為明天還有明天的事情要做。

第4步：立刻行動

制訂計畫後，就要立刻行動，不管你的目標有多麼宏大，如果只是空想而不實踐，永遠也無法到達。所謂「千里之行，始於足下」，就是這樣的道理。

第5步：隨時調整你的計畫

在行動的過程中，很可能會出現突發狀況，或與預測不符的變化，必須根據現實情況，調整自己的計畫。再完美的計畫也不可能一成不變，就像哲學家說過：「世界是不斷發生變化的。」

總之，在決策過程中，當你有了自己的目標之後，應該制訂出一個詳細的計畫，在面對重大問題時，應該學會化整為零去解決。

第22天

取捨的藝術：從最重要的事開始做起

「我幾乎每天都自問：『我正在做的事，是眼前最重要的事嗎？』除非我正在處理的是力所能及的最重要問題，否則我對自己投入的時間會有不好的感受。」

——Facebook創辦人馬克・祖克柏

每位決策者都曾經歷兩難的選擇，既然有選擇，就會有取捨。對於某些人來說，捨棄是一種煎熬，因為這意味著損失。如何面對決策中的捨與得，能確切體現一個人的智慧。

捨與得的關係是決策中最難處理的部分，有的事情值得堅持，有的事情卻應該放棄。這是黑白分明的選擇藝術。**在選擇不分明的時候，更應該用心權衡利弊，正確面對捨與得。**

所謂「大捨才會有大得，不捨則不得」，在面對各種選擇時，要學會捨棄，才能得到更加寶貴的東西。

這種捨得的智慧，也是哈佛大學教給學生的東西。在決策過程中，不僅要懂得堅持，也要懂得放棄。如果說堅持是一種堅韌的毅力，那麼捨棄就是一種開明的智慧。

不久前，有一則有趣的新聞：

一名富翁家的狗在公園裡走失了，他十分焦急地在當地報紙上發佈啟事：家狗走失，歸還者，付酬金一萬元，並且附有小狗的照片一張。

在啟事發佈幾天之後，有許多「好心人」前來送狗，不過這些狗都不是富翁在找的。他心想，一定是真正撿到狗的人覺得酬金太少了，因為那可是一隻血統純正的愛爾蘭名犬。於是，心急如焚的富翁馬上打電話到報社，把酬金漲到兩萬元。

一名衣衫襤褸的流浪漢在路邊報攤看到富翁刊登的「尋狗啟事」，開心地大笑起來，因為前些天他正好在公園門口撿到了這條狗，而現在牠正在自己的住處。

第二天，流浪漢抱著狗準備去領兩萬元的酬金，但是當他經過報攤時，發現酬金已經變成三萬元。流浪漢心裡打起了算盤，他決定繼續等待。第四天，酬金果然又提高了。接下來的幾天，他持續關注消息，當酬金漲到讓人咋舌的程度時，流浪漢終於下定決心。

遺憾的是，當他走回住處，卻發現狗已經死了。因為那是一隻養尊處優的狗，平時在富翁家裡吃的都是牛奶和烤肉，根本不吃流浪漢從垃圾堆裡撿來的食物。

流浪漢因為遲遲沒把狗送回去，最後反而連一分錢也沒有拿到。

其實，很多決策者都像新聞中的流浪漢一樣，不懂得在適當的時機捨棄，他們不知道，有時捨棄了反而會獲得更多。

哈佛大學雖然一直鼓勵學生努力學習，可是並不會死板地將知識灌輸給學生，而是讓學生自主選擇堅持或放棄一些東西。哈佛大學推崇的學習方法是靈活的，而不是埋頭盲目地學習。**如果你能選擇適合自己的方向，進步會更快；如果堅持錯誤的方向，那麼付出的努力也只是徒勞。**

為了更確實地應用捨得的藝術，你必須學會以下幾件事情：

一、隨時為現況總結

當你為決策付出努力時，也要善於反思與總結。在決策中，多問自己一些問題，比如：

- 遇到的困難有哪些？
- 需要如何解決？
- 什麼是應該堅持的？

在。

●什麼可以選擇捨棄？

思考這些問題時，也給自己停下腳步審視過程的機會，幫助釐清真正的重點所在。

二、正確看待決策中的得與失

不論多麼成功的決策者，也無法保證自己的決定都是完美的，關鍵在於用什麼樣的心態看待得與失。成功能夠給你帶來喜悅，錯誤能夠給你帶來經驗，只要心態積極，任何一個決定都能讓你有所收穫。

三、從最重要的事情做起

在決策過程當中需要處理很多資訊和問題，所以必須學會分辨，哪些事情最重要，哪些事情可以暫時緩一緩。成功學導師拿破崙・希爾曾經說過：「成功就是去做最重要的，而不是那些不值得去做的事情。」

他還把做不值得做的事情有何壞處，總結為以下三點：

1. 浪費你的時間與精力。
2. 讓你誤認為自己完成某些事情。
3. 會一直出現，永遠也做不完。

所以，你必須選擇做最重要的事情，並且從現在開始行動！

第23天

人生需要累積資本的加法，也需要卸下負擔的減法

「除了把事情做好的崇高藝術，還有把事情擱下不做的崇高藝術，人生的智慧在於剔除沒有必要的事物。」

——哈佛名人林語堂

每個人的人生都是一趟自我經營的過程，有經營就會有核算，我們不可避免需要進行加減法，有時候需要增加人生資本，有時候需要減掉重負，人生才能得到平衡持久的發展。

美國哲學家及心理學家威廉．詹姆斯曾說：「最明智的藝術就是取捨的藝

術。」在決策過程中，如何做好適度取捨最能體現出決策者的智慧。決策中的取捨藝術，不只是加減得失的對應關係，還需要決策者用自己的智慧與力量來實踐。

一、人生需要加法：不斷積累人生資本，讓生命更加充實。

決策是為了讓自己擁有更多。無論你的選擇是什麼，都在為人生添加色彩。

在哈佛校園裡有這樣一句話：「狗一樣地學習，紳士一樣地玩。」這便是人生資本加法的體現。

哈佛菁英在學習過程中，充分利用每一分、每一秒，做任何事都全力以赴、集中精力，當該做的事情都完成時，便放鬆一下疲憊的身心，積極參與學校組織的藝術活動，例如：音樂會、戲劇表演、舞蹈演出以及其他藝術展覽等。

在這些充滿藝術氣息的活動中，學生得到藝術的薰陶和教育，進一步提高他們的審美能力和藝術修養。這就是人生的加法，透過各種途徑，不斷增加自己的人生資本。

二、人生需要減法：過重的負擔會讓前進的步伐更加緩慢。

有時我們需要運用人生的減法，減掉決策中的繁雜部分，不只令決策更加明確，也減掉人生過重的負擔，讓前進的步伐更加輕盈。

決策者必須明白兩件事情：一是適當捨棄是決策，乃至人生必須經歷的過程；二是選擇捨棄並不一定意味著失去。

世界上最著名的男高音帕華洛帝，深受人們的喜愛，在歌唱領域獲得十分突出的成就。

帕華洛帝小時候就對歌唱情有獨鍾，而且擁有這方面的天賦，不過他沒有進入專門的學校裡學習聲樂，而是考入師範院校。

畢業時，帕華洛帝陷入矛盾，他既不想失去穩定且待遇優厚的教師工作，又想認真學習歌唱。在兩難的選擇中，他猶豫很久，最終決定一邊執教，一邊利用業餘時間歌唱。

父親得知他的想法後，很認真地說：「孩子，假如你想同時坐在兩把椅子上，最後只會掉到椅子中間的地上。你必須學會放棄一把椅子，這樣你才能夠坐得更加踏實與安穩。」

帕華洛帝聽到父親的話之後，做出人生的重大決策，他選擇歌唱這把「椅子」，並且獲得世人的認可，取得偉大的成就。

人生的減法就是如此，很多時候，捨棄並不一定意味著失去，反而是另一種形式的獲得。

我們應該明白，什麼是取捨得失，在決策過程中掌握人生的主動權。在條件允許時，全力以赴，做好人生的加法。在需要捨棄時，減掉繁雜，不要過於執拗。

第24天

問題簡單化：用最短時間找出正確的問題

「世界不會在意你的自尊，人們看的只是你的成就。在你沒有成就以前，切勿過分強調自尊。」

——微軟總裁比爾・蓋茲

很多決策者都習慣將決策問題想得過於複雜，因為他們希望決策面面俱到，甚至連細枝末節都不能出錯。其實只有減掉繁雜，以最簡潔的方式去描述決策中遇到的問題，才能以最快的速度達到預期目標。

哈佛心理學碩士班夏哈說過：「人們總是希望在短時間內做更多的事情，卻不明白數量也會影響品質。人們也習慣將簡單的事物複雜化，將自己困於自己所設置的障礙中，於是矛盾彷徨。其實，應該儘量將生活簡單化，從事少而精的活動，才更能獲得快樂、幸福及成功。」

這位幸福學導師告訴我們，只有將生活簡單化，才能獲得快樂與幸福。**其實在遇到決策問題時，也要以最簡單的方式簡述，以最簡單的方式解決。**

決策的過程，就是要掌握最簡潔的方式，來闡述問題和解決問題。比如說，假設你只有五分鐘做出某個決定，那麼你闡述問題的時間不應該超過一分鐘，這樣你就有四分鐘尋找正確的答案。

闡述問題的步驟極為重要，如果不能提出正確的問題，找到的答案將變得毫無意義。

想要清晰簡潔地描繪出問題，必須注意幾下幾點：

一、你和問題的距離太遠

如此一來，沒辦法清晰地闡述問題。比如說，一家公司想要在某地建立分部，如果沒有實地走訪瞭解，就不了解具體存在哪些問題，更不知道如何闡述問題。

二、你和問題的距離太近

決策者距離問題太近，甚至處於問題的中心點，也會導致問題闡述不清，這就是所謂的當局者迷。

三、你對自己的問題太過熟悉

你現在能夠準確地描繪自己的手錶是什麼樣子嗎？手錶上面顯示的是阿拉伯數字、羅馬數字，還是用鑽石顯示的數字？是否有秒針？大多數人可能都描述不出來。我們每天看幾十次手錶，卻沒有真正注意過它，這就是習慣性忽略。

習慣性忽略是盲點產生的重要因素，想避免這種情況，必須拋開原有的認知，重新審視問題。

四、你太想克服障礙、解決問題

很多決策者都有急功近利的心態，太過急於克服障礙，而忘記自己最初的目標，甚至難以釐清問題的癥結所在。

五、你錯誤地理解問題

對於問題的理解又是另一個難題，比如：「我是否要相信這個人，並且和他合作開一家公司」，和「我是否要創立自己的公司」是兩個完全不一樣的問題。

如果想要簡潔地闡述一個問題，首先應該正確地理解問題。這裡有兩個關鍵點：

1. 精確地定義問題，才能夠清晰地看到自己做出怎樣的決策。
2. 在列出問題時，一定要公正客觀，過於自信或樂觀的情緒不妨留到做出決定之後。

第25天

汽車對香草冰淇淋過敏？背後的原因是……

「藉由問一個自己無法回答的問題，試圖完成一個自己無法達到的任務，一個人可以實現他存在的目的。」

——醫師、作家奧利佛・溫德爾・霍姆斯

哲學家說：「人性都是複雜的。」人們在處理問題時，都會受到人性影響，把簡單問題想得太複雜。因此，為了提高決策能力，必須克服複雜人性的影響，找到最簡單也是最聰明的解決方法。

為什麼要把事物儘量簡化呢？因為複雜的資訊容易使人迷失，而簡化的事物有利於人們了解並選擇。尤其在資訊化時代，各種全新的理論和觀點不斷湧出，我們必須面對越來越繁瑣的制度與法則，就要學會化繁為簡。

很多事物都是越簡單越好，決定也是如此。這種簡化的過程和奧卡姆剃刀定律相似。這是由英國修士威廉提出的理論，他在自己的著作中寫道：「切勿浪費較多東西，去做用較少的東西同樣可以做好的事情。」

簡單來說，就是**抓住事物的本質，不要把事物複雜化**，那些多出來的東西不一定是好的，反而會帶來不必要的麻煩。

關於化繁為簡、抓住事物的本質，這裡有個例子能夠說明。

幾年以前，通用汽車公司龐帝雅克汽車製造廠的總裁收到一封投訴信：

「尊敬的總裁先生：這是我第二次寫信給您，我不會責怪您之前沒有回答我的問題，因為我也覺得這個問題十分荒誕，不過它的確存在。我在你們公司買了一輛汽車，從此反覆發生一個問題。

「您知道嗎？每次我買完香草冰淇淋回家，汽車就啟動不了，可是買其他種類的冰淇淋，車子就能成功啟動。不管這個問題多麼愚蠢，我還是希望能夠獲得您的重視，並且得到解答。」

總裁看了這封信後，也感到迷惑不解，不過還是派一個工程師前去查看。

工程師竟然也遇到同樣的問題。當他開著同樣的車，在同一家店買完香草冰淇淋後，居然也啟動不了車子。之後，工程師又實驗兩次。第一次，買巧克力冰淇淋，車很快就啟動了。第二次，買香草冰淇淋，車子又無法啟動了。

工程師不敢相信車子對香草冰淇淋「過敏」，於是他連夜加班，希望可以找到解決問題的方法。他列出所有的記錄，寫下各種資料，例如：車子的出廠日期、所用的汽油類型、車子的往返時間等。不過，最後仍然沒有找出問題的癥結所在。

後來，他轉換思維，試著將問題簡化，思考問題出在哪個環節。

他意外地發現，買香草冰淇淋所花的時間，比買其他冰淇淋更短，因為香草冰淇淋很受歡迎，被擺在貨架的前面，很容易被顧客拿到，而其他冰淇淋則擺在貨架後方的分格裡，要花較長的時間才能找到。

如此一來，問題變成：為什麼車停很短時間，就啟動不了？

工程師進一步找到問題的答案：汽車並不是因為對香草冰淇淋「過敏」，才啟動不了，而是因為車主在買其他冰淇淋時，等候的時間使汽車引擎冷卻，所以可以啟動。也就是說，當車主買完香草冰淇淋時，汽車的引擎還在發熱，所以汽車啟動不了。

找到原因以後，問題很自然地解決了。原來，解決問題的關鍵竟是如此簡單。

一位哈佛教授為了考察學生的快速應變能力，提出一個問題：「天空中有兩隻飛翔的小鳥，一隻在前，一隻在後，你要怎樣才能一口氣捕捉牠們？」

雖然學生們說出很多方法，例如：用網子、用氣槍、用麻袋等，不過這些方法都難以實現。這時教授給了答案：「用照相機！」

拍照的確能夠瞬間「捕捉」到兩隻鳥，由此可見，簡化的思考其實也是一種超越邏輯知識的智慧。

決策者應該如何用簡化思考，面對決策問題呢？

一、想得多不如想得少

有的決策者在遇到問題時，總是錯誤地認為，想得越多就越不容易出錯，而不顧現實的情況。其實，將事物過度複雜化只是畫蛇添足。我們應該學會儘量將事物簡化，重視品質而不是數量，才能高效地完成工作、做出決策。

二、思考有沒有更簡單的解決方法

在進行任何決策之前，都應該先思考有沒有更加便捷的方法，千萬不要只顧著急匆匆地動手，到最後白白浪費時間。

三、運用本能及直覺做出決策

如果你不需要馬上做出決定，可以稍微給自己一點時間，認真記錄自己的心靈或直覺給的答案，這可能是你之後做出決定的關鍵。

四、不要總是詢問別人該怎麼做

假如你問五個人，也許會得到五種不同的答案。如果一定要與人商量，請和受此決定直接影響的人商量。

第26天

正面思考：「相信」的力量能幫你達成目標

「我們透過想法提升自己，並且透過願景向上攀爬。若你想開闊自己的人生，必須先開闊對人生及自己的想法。無論何時、何地，都要將你想成為的理想型放在心裡。」

——作家奧里森・馬登

決策中會出現各式各樣的情況，有好的也有不好的，有快樂的也有不快樂的，決策者以怎樣的心態去面對，完全取決於「自我評價」。

什麼是自我評價呢？就是一個人思考問題、一切言行的心理依據，也是決策的基礎。通常情況下，個人的自我評價會受到過往經驗和客觀環境的影響。

擁有正面自我評價的人，對於自我的認知往往是陽光積極、自信勇敢，他們會看到「努力向上、進取打拚」的形象。當他們在決策過程中遇到問題和挫折時，會不斷刺激思考能力，並且告訴自己「我一定行，我肯定能夠做到」，這便是積極的心態。**只要懂得在決策過程中建立屬於自己的正面評價，在面對任何決策時，都能夠泰然處之。**

我們可以透過不斷地想像，讓正面積極的態度深入意識當中。正面自我評價會讓行為出現巨大的改變，將成為一個人的行動指南，並且給予行動的力量，幫助達成目標。

但是，如果為自己建立不切實際的自我評價，將出現負面影響。

創業家李開復在為微軟效力的時候，曾遇到一位擁有不切實際的「自我評價」的員工。

這個員工的確有能力，可是他不斷膨脹自己的真正實力，所以對自己目前的職位不滿意。在聚會場合或公司會議上，他總是自吹自擂，表示對自己的現狀不滿。

有一次，這位自視甚高的員工找上李開復，他說自己沒有得到重用，所以打算離開李開復的小組，去其他小組謀求出路。李開復點頭答應了，可是他卻沒能在其他小組做出任何成就。

公司裡有很多同事都對這位員工感到不滿，認為他自命不凡，卻缺少相應的能力。雖然他總是建立積極的正面評價，卻不切實際、定位太高，造成想像與現實的差距。最後，那位員工只能帶著沮喪的心情離開公司。

接替他職位的人能力也很強，不過他給自己的定位很準確。由於他在之前的工作中曾經出一些小問題，給公司帶來一些損失，所以他調職後自願降級，以便讓自己打好基礎。

這位新來的員工給自己建立一個準確、切合實際的正面評價，所以他成功了，進入公司沒多久，就成為李開復最得力的助手。

人應該為自己建立準確而客觀的正面評價，既要瞭解自己的優勢和特長，也要瞭解缺陷和不足，坦誠地面對自己。當你以積極樂觀的態度，面對自己的決策時，就會清楚地知道自己能夠做什麼、應該做什麼，讓時間和精力都花費在最重要的地方。

既然建立正面評價對於決策者來說如此重要，那麼決策者建立正面評價時，應該注意哪些問題呢？

一、正面評價以自我認識為基礎

正面評價又被稱為積極的「自我評價」，也就是說，它建立在自我認識的基礎上，甚至可說是自我認識的一部分。一般情況下，童年的經驗對於正面評價的影響最大，但並非無法更改，我們可以透過努力，不斷地調整及改變。

二、正面評價過低時應該怎麼處理

假如決策者建立的正面評價過低，會覺得自己一無是處，在任何方面都不如別人。這時候需要自我調節，告訴自己：「我是獨一無二的存在，這個世界上沒有和我一模一樣的人。我的存在必定有價值，我能夠在適合自己的道路上找到自身的價值。我可以將某些事情做得很好，這是我的優勢。」

三、正面評價過高時應該怎麼處理

假如建立過高的正面評價，會高估自己的能力，時常出現不可一世、自高自大的情況。這時候，應該學會自我反省，並且適當地降低對自己的評價。

重・點・整・理

- 以最簡單的思維面對決策中的大小問題，就能夠簡化很多複雜的狀況。
- 當目標遙遠時，可以嘗試將目標分解成一個個容易實現的小目標，訂定完善的計畫，再將其各個攻破，一步步靠近終極目標。
- 面臨艱難的選擇時，應該學習取捨的智慧，才能得到成果。
- 善用人生加減法：對想要達到的目標全力以赴，並割捨無法兼得的事物，專注於真正重要的部分。
- 簡單並精確定義問題，避免把問題複雜化，或因不夠客觀而模糊焦點，反而無法解決問題。
- 抓住事物的本質，運用直覺或簡化思維，以最簡單而快速的方式解決問題。
- 正確認識自己的能力，以此為基礎建立正面的評價，並且心態積極樂觀，讓工作與生活更順利。

思考筆記

思考筆記

Logical Thinking

第五章

超速運用眾人的智慧

第27天

面對著同樣的半瓶水，答案可能在事物的另一面

「少一點抱怨哀鳴，多一點執著努力和男子氣概的奮鬥，帶來的益處將超過一千條公民法案。」

——民權運動者威廉・愛德華・伯格哈特・杜波依斯

每個人都有自己獨特的思想意識，這決定他擁有什麼樣的工作、學習及決策。從根本上來說，每個人都存在兩種思想意識：

1.「自我為尊」的意識，重點突出自我的存在，決策也以滿足自己的意願、

目的為主。

2.「注重他人」的意識，重點在於別人對自己的看法，害怕受到批評和非議，決策也更重視他人的意見。

在決策過程中，這兩種意識會相互作用，共同影響決策結果。

有時候遇到一些難題，費盡心思也找不到適合的答案，我們應該嘗試轉換思維，用不同的方式思考，因為答案可能存在於事物的另一面。

決策所涉及的方面十分廣泛，我們不可能只顧及自己的想法，完全不注重他人的感受，也不可能只注重他人，而忽略自己的意願。

因此，我們應該認識到事物的兩面性：如果自我意識過於強烈，時時處處以自我為中心，那麼決策就會缺少必要的客觀公正性；如果總是重視他人的意識，選擇判斷都以他人為重，處處謹小慎微，決策則會失去自我價值。

所以，**最好的決策方式就是，理性對待自己的兩種思想意識，當問題找不到更好的解決方法時，要靈活轉換自己的思維，從事物的另一面尋求答案。**

兩個旅行者同時在沙漠中迷路，面對著同樣的半瓶水，樂觀的旅行者說：「還好，我還有半瓶水，也許它能夠幫助我走出沙漠。」悲觀的旅行者卻說：「糟糕，我只有半瓶水，肯定沒辦法走出沙漠了。」

面對同樣的處境，不同的思維方式可能得到不同的結果。有時候，看似沒辦法解決的問題，其實只要轉變角度，或許就能找到完全不同的答案，因為我們無法推測另一面會有什麼樣的結果。有時候，看待事物的方式有些許不同，也會帶來完全不一樣的結果。

幾個世紀以前，天花還是困擾人類的不治之症，當時很多醫生都把注意力放在人類為什麼「會」得天花，只有愛德華・詹納醫生把關注點放在為什麼牧場女工「不會」得天花。由於關注點不一樣，詹納最終發現牛痘在預防天花方面的重要作用，進而找到有效的預防方法。

所以，在處理某些看似無法解決的難題時，其實並不需要多麼複雜的思維過程，只要轉移自己關注的焦點，從事物的另一面進行思考就行了。

哈佛大學有一句名言：「一個人的成功與失敗不在於知識與聰明，而在於他的思維。」

哈佛教授十分推崇思維大師、心理學家愛德華・德・波諾博士提出的「水平思考法」。所謂水平思考是指，在思考問題時，擺脫既有知識和經驗的約束，衝破常規，提出富有創造性的見解、觀點或方案。這種思維方法有一種通俗的說法，就是「垂直打井」，即使打得再深，最多只能打出一口井，無法在不同的地方打出不同的井。

人們通常使用垂直思考，習慣用邏輯把洞挖深，而水平思考則幫助人們看到另一面，帶來更多的可能性。

在做決策的過程中，應該如何更清楚地考慮到事物的另一面呢？

一、瞭解什麼是辯證思維方式

哲學家說，當你不知道向左走還是向右走時，我會告訴你兩者的好處和壞處。哲學不會指明方向，而是全面分析利弊，以便權衡得失，這也是馬克思主義哲學的辯證思維方式。

任何一件事情都存在兩面性，你可以從消極面去看，也可以從積極面去看，關鍵在於怎樣調整自己的心態。中國成語中的「塞翁失馬，焉知非福」和英文中的「like a coin!」（直譯為「像個硬幣」，意指事情的兩面性），也是同樣的道理。

二、將矛盾當成事物發展的動力

既然事物存在兩面性，就必然會有矛盾的對立面。有些決策者將矛盾理解為問題和困難，顯得有點偏頗。其實，用辯證的思維方式看待事物的矛盾性，甚至承認矛盾的積極作用，或者就能找出解決問題的不同方法。

三、現象與本質的關係

現象必然與本質有一定的聯繫，哪怕是假象，也是本質的一種特殊表現，所以觀察一個人的言談舉止，必然能瞭解他的部分內心活動。我們在認知事物或是瞭解一個人時，應該全面分析各種現象，因此與一個人交往，千萬別過分相信第一印象，因為那只是特定情境下給你留下的片面印象。

四、共性與個性的關係

任何事物都存在著矛盾，它是一系列對立及統一關係的集合。事物之間既可能有相同的矛盾，也可能有個別獨特的矛盾，這便是矛盾的共性與個性，於是形成事物的不同特點、人的不同個性。所以，看同一件事情有自己獨特眼光，做同一件事情有自己獨特創意，特別是「創造力」最能體現出你的與眾不同。

第28天

用3種逆向思維技巧，突破既有規則就能找出答案

「以你的想像，不是你的過去來生活。」

——勵志作家史蒂芬·柯維

哈佛大學前校長尼爾·陸登庭說過：「在邁向新世紀的過程中，最好的教育有利於使人們具有創新性，更善於思考，更有追求和洞察力，並成為更完善、更成功的人。」

哈佛學生都善於思考，打破常規的思維模式，他們的思路與常人不同，有時候甚至與主流相反，這種思維方式又被稱為「逆向思維」。

決策有時候也需要反轉大腦，探尋不同的可能性，如此一來，思維就會更加靈活多變，也更具有深度和廣度。

速算專家史豐收就是一個懂得逆向思維的智者，他在上小學二年級的時候，突然產生一種奇怪的想法：「為什麼數學演算都是從右到左呢？書寫和閱讀都可以從左到右，為什麼計算不能從左到右，從高數位開始呢？」

這種想法一直存在於他的腦中，經過多年的學習努力，他終於創造了著名的史豐收速演算法，也使外國人見識中國數學家的智慧。

那麼，逆向思維究竟是什麼呢？逆向思維又叫「求異思維」，也就是為了實現創新，或解決常規思路難以解決的問題，而採取反向思維，尋求解決問題的方法。簡單來說，就是「反其道而思之」。

當所有人都以固定的方式思考問題時，你卻朝著相反的方向探索可能性，這就是逆向思維。**在決策過程中，一般人都喜歡沿著事物發展的正方向進行思考，尋求解決辦法。事實上，針對某些特殊的問題，運用逆向思維反過來思考，或許能夠讓問題簡化。**

美國有一座著名的商業大廈，由於客流量不斷增加，僅有的電梯已經沒辦法滿足人們的需求，於是大廈的主人決定增建一部電梯。

電梯工程師和建築師反覆勘測過現場，經過幾次商討之後，決定先在各樓層鑿洞，再安裝一部新電梯。

設計圖完成，施工也已經準備就緒之後，一位清潔工卻對工程師說：「如果要把各樓層的地板鑿開裝電梯，那可得弄得天翻地覆嘍！」

工程師回答：「對啊，這也是沒辦法的事情。」

「那麼，整座大廈都要停止營業了？」

「對啊，如果不這樣做，情況會比現在更糟糕的。」

清潔工很不以為然地說：「如果是我的話，我肯定會將電梯安裝在大樓外面。」

沒想到，就是這個很不以為然的想法，竟然讓世界上第一部安裝在樓外面的電梯誕生了。

很多人都感到驚奇，論及專業知識，清潔工肯定比不上工程師，可是他的思維卻更加寬廣。

工程師的確具有專業的素養，不過他認為，電梯不管是木製的、混凝土的還是電動的，都必須設置在室內，如果要新增電梯，肯定也只能往內發展。恐怕想都沒有想到過要設置在室外。清潔工卻懂得運用逆向思維，產生了把電梯建在室外的想法。

逆向思維常常表現為對傳統觀念的翻轉與顛覆，能夠幫助決策者突破既有規則，跳脫現有的思路，從相反的方向尋找解決問題的方法。常見的形式有：針對結果逆向思考、針對特定條件逆向思考、針對目前位置逆向思考、針對執行過程逆向思考。

那麼，逆向思維有哪些類型呢？

第1種：轉換型逆向思維法。

這是指在研究問題時，由於解決的手段受阻，轉換成另一種手段或者轉換角度思考，以便順利解決問題的思維方法。

歷史上被傳為佳話的「司馬光砸缸救落水兒童」的故事，實質上就是一個轉換型逆向思維法的例子。由於司馬光不能爬進缸中救人，因此轉換思考方式，破缸救人，順利解決問題。

第2種：反轉型逆向思維法。

這種方法是從已知事物中，針對相反方向思考及構思的途徑。所謂「相反方向」，經常從事物的功能、結構、因果關係等三個方面，進行反向思維。

比如，市場上出售的無煙煎魚鍋，是把原有煎魚鍋的熱源由鍋的下面轉移到鍋的上面，以達到無煙的效果。這就是利用逆向思維，對結構反轉思考的產物。

第3種：缺點逆向思維法。

這種方法利用事物的缺點，將缺點變為可利用的特點，化被動為主動，化不利為有利。

它不以克服事物的缺點為目的，相反地將缺點化弊為利，找到應用方法。例如：金屬腐蝕是一件壞事，但人們利用金屬腐蝕的原理，生產金屬粉末，或是進行電鍍等，無疑是缺點逆向思維法的一種應用。

第29天

不走別人的老路，5方法展現創造力，提高3倍成功率

「當我們下定決心面對世界上所有事物，包括荊棘難題在內，我們已經打贏了一半的戰役。」

——作家奧里森・馬登

幾個世紀以前，但丁就告訴我們：「走自己的路，讓別人說去吧！」對於追求自我個性的哈佛學生來說，是否有勇氣選擇走自己的道路，不盲目跟隨別人，是他們衡量自身價值的重要標準。

每年的哈佛面試，都有一些十分優秀的學生被淘汰，而他們被淘汰的主要原因

就是缺乏創造性思維，在表達自我時總是盲目從眾。

決策者也需要創造性思維，而不是一味地走別人的老路。如果總是因循守舊，不懂得突破，不懂得堅持自我、勇於開拓，又如何讓自己的決策更具有積極的自主性呢？

「不走尋常路」也是一種敢為人先的精神。你必須明白，每個人都擁有自己的獨立思維，因為各自的成長和教育環境不一樣，想法也千差萬別。如果你的決定和其他人的不同，是否有堅持下去的勇氣和信念呢？

現實生活中創造偉大事業的成功者，大多敢為人先，擁有自己的獨立思維。他們遵從自己的內心，而不是刻意去迎合大眾的心理需求。

無論我們面對怎樣的情境，都必須讓自己擁有獨立思維，要堅持自己的決定，而不是跟從別人。這也是決策的關鍵所在。

遇到難題時，若一味使用別人的經驗，只會把自己的路堵死，因為你走過的路別人都走過，你做出的決定別人也做過，一旦出現新問題，馬上就陷入手足無措的困境。這時候，決策者應該要懂得另闢蹊徑，敢走不尋常的道路。

很多人都喜歡以既有的方式解決問題，以為這樣可以少走冤枉路，但事實上卻讓自己走進死胡同，而且越走越窄。想讓決策更加合理，或者想要有所突破，要學會發展創造性思維，敢走別人沒走過的道路。

我認識一位高明的決策者，他大學主修電腦，研究所的攻讀領域則是電腦智能。他畢業之前在一家國際大型企業實習半年，卻發現自身尚有許多不足，於是毅然放棄實習企業開出的幾十萬元年薪，以及各種優厚的待遇，而回校深造。

這樣的決定讓眾人難以理解，換作任何人可能都不會做出這樣的選擇。回到學校後，他申請延期畢業一年，主要學習經濟、金融知識，並且常常跑去哲學、中文等看似毫不相干的科系旁聽。

一年後他終於畢業了。當時，全國受到金融危機的影響，薪酬待遇比之前低得多，不過他以更加豐富完善的專業知識，拿到比之前多出三倍的年薪，讓過去不理解他的人大吃一驚。

當別人問他當初為什麼做出那樣的選擇時，他回答說：「其實我們每個人都應該思考一個最簡單的問題：假如沒有眼前的工作，自己還能夠做什麼。想當作家寫專欄，你的文字功底如何？想開淘寶店，你知道網店運營的具體模式嗎？很多人都覺得選擇別人的路會更容易走下去，但事實上，走自己的路才能夠獲得成功。」

為了不讓自己盲目跟從別人的路，我們必須學會培養創造性思維。創造性思維的形成，與個人接受的教育密切相關。美國的一項研究調查顯示，在學校裡接受過創造能力培養與訓練的學生，與沒有接受培養與訓練的學生相比，在需要創造力的決策中，前者的成功率比後者高三倍。這也顯示出，創造性思維的訓練有多麼重要。

那麼，決策者應該如何摒棄別人的道路，培養屬於自己的創新性思維呢？以下幾種方法值得學習與借鑒：

方法1：敢於否定別人的路

首先，要有否定別人的勇氣，要不斷提高發現問題的能力。在面對決策問題時，不能盲目相信經驗，勇敢質疑既是一種難得的探索求知精神，也是創造性思維的萌芽狀態。

根據愛因斯坦的理論，創造性思維的機制是：由於知識的繼承性，每個人的頭腦裡都容易形成一個固定的概念世界，當某個經驗與腦內的概念世界發生衝突時，就開始產生刺激及疑問，而人們消除疑問的願望便構成創新的最初衝動。所以，創造性思維的重要前提就是提出問題。

方法2：明白主見的重要性

創造性思維必然出於自我，擁有主見性是它的基礎。在做決策的過程中，你應該多為自己創造做主的機會，要充分相信自己，要有計畫和安排，並且懂得實踐。如此一來，你就能成為擁有獨立思維的決策者。

方法3：克服傳統文化的消極影響

傳統的教育觀念崇尚經驗，對於創造性思維的接受能力偏低，對於權威和中庸過度重視，大大扼殺決策者的懷疑能力。受到傳統教育觀念影響的決策者，多半墨守成規、謹小慎微，並且在決策過程中，缺乏獨立自主精神和創新意識。

所以，決策者必須努力克服傳統文化的消極影響，善於獨立思考、勇敢探索，學會運用不同的思維來面對各種難題，才能不斷提高創造性思維。

方法4：積累不同的創造性思維

我們必須擁有正確的世界觀：明白所有事物都有自身的規律可循，創造性思維也有其內在機制。積累不同的創造性思維，能夠幫助決策者解決更多的問題。由於決策本身的複雜性，在遇到難題無法繼續時，創造性思維能夠開闢不同的道路。

方法5：勇於思考與嘗試

如果選擇不走尋常路，就要面對更多的問題與風險，怎樣面對這些問題和風險，是決策者創造性思維能力的具體表現。

無論怎樣的決策都存在多種選擇，其中有最適宜的、最簡單的、最經濟的、最合理的。如何取捨並做出選擇，將決定決策最終的成敗。

第30天

腦力激盪法：幫你善用群體的智慧

「好領導者讓自己被不同觀點的人圍繞，讓他們提出不同意見而不害怕被懲處。」

——歷史學家桃莉絲・基恩斯・古德溫

微軟CEO史蒂夫・鮑爾默說過：「一個人只是單翼的天使，兩個人抱在一起才能展翅高飛。」

鮑爾默畢業於哈佛大學，是一位成功的決策者。他認為在這個合作共贏的時代，僅憑個人智慧很難做出成功的決策，要善於運用群體的智慧，才能讓「1＋

1」的結果大於2，降低決策失誤的機率。

毫無疑問，個體的決策力與群體的決策力相比十分有限，**如果能夠在自我決策力的基礎之上，有選擇性地借助群體的決策力，自然能夠讓最終的決策走向成功，抵禦各種風險的能力也會顯著提高。**這就是群體決策的優勢。

事實上，哈佛大學也很重視培養學生的合作意識，哈佛新生從踏入校園的那一刻起，就必須考慮如何與來自世界各地的學生相處，並在團體中學習到更多的知識。

任何一個人都無法單獨生活在這個世界上，只有運用群體的智慧才能獲取更多的資訊，做出好的決策。

在決策過程中，雖然個人決策存在一些優勢，例如：可以讓權力更加集中、提高決策效率等，不過相較於群體決策，它仍然存在許多局限：

1. 個人性格上的弱點，可能在決策時無法得到有力的彌補。
2. 個人的經驗、學識、才幹，可能無法處理眼前的複雜問題。

3. 個人權力的過度集中，可能導致監督失效。

與群體決策相比，個人決策有許多不足之處，因此最好能夠運用群體的力量，集思廣益，做出更正確的決策，這就是我們常說的「群策群力」。

在群體決策的過程中，個人意見很容易屈服於權威或大多數人的意見，削弱個人的創造力及批判精神。為了提高群體決策的品質與創造性，人們發明許多改善群體決策的方法，其中最具有代表性的就是「腦力激盪法」（Brain Storming）。

在進行腦力激盪法之前，決策者必須考慮幾個重要因素：

1. 要廣泛地諮詢，借助眾人的力量，收集各種資訊，才能為最終的決策打好基礎。

2. 參與者人數不是越多越好，重點在於參與者是否具備相關經驗與一定的知識，是否具備正確決策的能力。

3. 並非人人都願意參與決策，有的人不願意承擔決策帶來的相關責任，寧願放棄決策權，也不願意參與。

4. 腦力激盪法往往是統一和協調意見的過程，出現分歧是很正常的現象，因此成員能否服從最後結論是最重要的。

確認過上述幾點，就可以進行腦力激盪法，不過還必須遵行以下幾個原則：

1. 少數服從多數。這是基本原則，將決策提出來讓所有參與者討論與協商，當多數成員達成共識時，少數成員就要服從多數成員。

2. 自由暢想原則。參與者可以各抒己見、自由鳴放，創造一種自由、活躍的愉快氣氛，激發出各種荒誕的想法，使所有成員思想放鬆，這是關鍵。

3. 探索取長補短和改進辦法。參與者除了提出自己的意見之外，還可以對他人已提出的設想，進行補充、改進及綜合，強調相互啟發和完善，這是能否成功的標準。

4. 平衡不同的方案。如果每個參與者的意見不統一，就要找出平衡各個不同方案的中庸解決方法。

5. 達成共識。最有效的集體決策方法，就是經過溝通與交流達成共識，並且充分尊重每個參與者的意見，讓每個人都可以表達自己的想法與感受，但這樣做往往效率不高。

6. 決策者做最後決定。在充分討論與協商之後，決策更加全面和準確，這時候由決策者做出最後決定。

除此之外，參與者還要對決策過程中提出的每個設想表示質疑，並加以評論，還可以提出一些具有可行性的全新設想，例如：為什麼已提出的設想不可行；它主要存在哪些限制因素；如何排除這些限制因素；我有什麼更好的設想或建議。

如果你能夠做到以上所說的，就能做出更正確的決定。如果能將個人決策與集體決策結合起來，就能做到最優決策。

第31天

依賴、盲從、惰性等人性弱點，讓你不知不覺……

「許多員工無法進步，是因為他們不願意付出代價，勇敢地犧牲他們的安逸和舒適。」

——作家奧里森‧馬登

德國哲學家黑格爾說過：「世界精神太忙碌於現實，太馳騖於外界，而不遑回到內心，轉回自身，以徜徉自怡於自己原有的家園中。」

現實世界紛繁雜亂，決策者經常被外界影響，而忽略自己的內心追求。因此，心理學家才會將決策視為人性的選擇。

決策者如何做出選擇，與人性有關。如果能夠找出人性的弱點，解決問題將變得很簡單。

美國勵志大師戴爾・卡內基所著的《人性的弱點》，讓人們開始關注被忽略的人性弱點。**無論是日常生活、商務、社交上與人打交道的技巧，還是如何克服人類的生存大敵，例如：依賴、抑鬱、不自知等，都和決策息息相關。**

人性的弱點會影響我們的決策，甚至直接導致失敗，比如說，過於依賴會導致缺乏自主性，過於自卑會讓執行時步履維艱，沒有自知之明又會導致盲目從眾等。如果想讓自己的決策不失誤，應該從這些人類的弱點入手。

在一堂哈佛公開課上，幸福學導師班夏哈為學生講述一個關於自知之明的故事：

一位教授經常教育自己的學生，說：「做人要有自知之明，只有先自知，才能後知人。」

學生反問教授：「那麼您知道您自己嗎？」

「我是否知道我自己呢？」教授在思考：「我回去一定要觀察自己，思索、瞭解自己的心理特點。」

回家之後，教授站在鏡子面前，仔細觀察自己的外表和神情，然後分析自己的個性。

首先，他發現自己的頭頂光禿禿的，心想：「嗯，偉大的莎士比亞也有一個光禿禿的頭頂呢！我和他簡直就是一模一樣。」

然後，他看到自己的鷹鉤鼻，心想：「大偵探福爾摩斯不就有一個這樣的鼻子嗎？我居然和世界級的聰明大師一樣。」

接著，他看到自己的大長臉，心想：「林肯總統也有這樣的大長臉！」

最後，他看到自己矮小的個子和大腳，又想：「拿破崙的個子也很矮小，卓別林也有這樣一雙大腳！」

就這樣，他終於有了自知之明。第二天，他對自己的學生說：「我所幸擁有古今國內外偉人、智者和名人的特點，所以我是一個與眾不同的人，前途也將無可限量！」

尼采告訴我們：「聰明的人只要能夠擁有自知之明，就什麼也不會失去。」擁有自知之明的人，能夠讓自己充滿信心，卻不過度自滿，準確找到人生的航向，並使決策更加合理。當然，沒有自知之明只是人性的弱點之一，影響人們決策的人性弱點還包括：

一、依賴

有的人在決策過程中，總是習慣依賴他人，別人對於某件事的看法會對其產生巨大的影響。

決策中過分依賴他人的資訊，是一種很可怕的習慣，尤其是曾經從這種建議中獲得某些利益，嘗到甜頭以後更可能認為外來的建議永遠都適用，而漸漸地失去獨立思考的能力，並習慣忽略自己大腦的理性分析。如此一來，就會導致決策失誤。

心理學認為每個人都有不同程度的依賴性，程度比較嚴重的屬於依賴型人格，這類型的人在做決定方面會有特別大的困擾。

心理學家霍妮在分析依賴型人格時，指出依賴型人格有幾個特點：

1. 如果沒有他人的幫助或建議，自己很難做出決策。
2. 理所當然地認為，別人比自己優秀、有魅力、有才華。
3. 害怕被遺棄，明知他人不正確，也隨聲附和。
4. 為討好他人過度容忍，甚至放棄原則和自尊，做自己不想做的事。
5. 當親密關係中止時，感到無所適從，難以接受分離。
6. 無意識地傾向於用別人的看法來評價自己。
7. 害怕孤獨，獨處時有不安和無助感。

現在你可以對照以上特點，分析自己是否屬於依賴型人格。為了降低決策的失誤率，決策者必須學會克服這個人性弱點，讓自己更獨立自主，而不是總想著依賴他人。

二、盲從

每個人活著都應該充實自己，而不是迎合別人。每個人都應該堅持自己的選擇，而不是受制於他人的觀點。

如果失去自我，沒有自己的主見，就變成盲從的人。來自別人的資訊或經驗始終是別人的，你是否接受、理解或加工組合，還是必須回歸自身，這一切都需要獨立自主地看待和選擇。

決策中的最高仲裁者，永遠不是別人而是你自己。要是千軍萬馬都擠上同一條獨木橋，會大大增加坍塌的可能性。相反地，如果能夠獨具慧眼，另闢蹊徑，思人之所未思，見人之所未見，往往更能符合決策所需，更容易獲得成功。

如何才能克服人性中的盲從弱點呢？

1. 樹立明確的決策目標，就能避免受到他人或周圍事物的影響，堅持自己的獨立自主性。

2. 樹立自己的價值判斷體系，也就是主見，這樣做決策時，才不會像牆頭草，隨他人的看法東倒西歪。

3. 做事必須有自己的原則，但也要開放自己的耳朵，防止自己陷入盲從的誤區。

4. 提高獨立思考和明辨是非的能力，遇到事情和看待問題，既要慎重考慮多數人的意見和做法，也要有自己的思考和分析。

三、懶惰

美國政治家富蘭克林曾經說：「懶惰就像生鏽一樣，比操勞更消耗身體。」惰性行為是人的劣根性，為了做出正確的決定，我們必須想辦法根除人性弱點的鉗制。

心理學將人的惰性分成行為和思想兩種。行為上的惰性比較容易察覺，也比較容易克服，發現自己沒有在規定的時間內完成某項任務，或者行為上有偷懶的現象，只要進行相應的糾正即可。

相較於行為上的惰性，思想上的惰性更加危險，它就像一種慢性疾病，在無形中給人們帶來致命的傷害。

所有的惰性行為，都出自主觀上無法按照目標行動的心理狀態，當我們出現惰性心理時，通常會有以下的表現：

1. 很想做某件事情，可是一直沒有實際行動。

2. 做事的過程中，如果發生其他更吸引你的事情，就容易顧此失彼。
3. 勉強自己做某件事情，只做了一部分，當再努力就可以完成時，卻選擇放棄。
4. 你覺察到拖延時間的害處，卻仍然拖延已經決定要做的事。
5. 無論做什麼事情都喜歡一拖再拖，到最後一事無成。
6. 你嘗到拖延的惡果，並且決定改變，但總是舊病復發，讓自己陷入矛盾之中。

惰性不僅會影響到生活和工作，還會對決策產生重大影響。懶惰的人總是懶得去收集資訊、分析，或用心做出判斷和決定。

我們應該如何克服這種惰性，讓自己的決策不再受到影響呢？

1. 不要虛擲光陰，浪費時間就是浪費生命，會腐蝕人們爭分奪秒的積極性，讓決策者滑向懶惰。
2. 縮小時間單位，給自己緊迫感，能夠有效克服懶惰行為的發生。
3. 現在就行動，不拖延、不猶豫。

人性的弱點遠遠不只以上幾點，決策者要努力克服人性中的所有弱點，才能降低決策的失誤率，讓決策更合理。

第32天

為何收集越多資訊，越難做出正確判斷？因此你得……

「人類過去和現在的努力，已經排除了知識路途中的許多障礙，讓我們繼續努力去排除剩餘的障礙。」

——哈佛第19任校長喬賽亞．昆西

有時候，決策需要處理大量的資訊，這個過程既耗時又容易讓人感到混亂。尤其當多個選項出現時，決策失誤的機率將大大增加，最後可能會在毫無秩序的狀態下做錯選擇。類似的失誤十分常見，是決策者必須面對和解決的問題。

這種混亂的決策就是行為心理學當中的「取捨悖論」，會嚴重影響人們的決策能力，尤其是過度考慮的決策者，往往會仔細衡量所有可能的選項，才能做出選擇。這樣的決策方式，在選項有限的情況裡能取得很好的效果，但是當決策混亂時，就很容易出錯。

那麼，有什麼好的解決方法能處理這個問題呢？**答案就是快速推理，從混亂中創造秩序，理清思路，便能夠做出更好的決策。**

快速推理的重點是：將你的知識中許多毫無關係的事實聯繫在一起，然後用於決策過程中。那些偉大的科學家，比如牛頓，能夠快速地進行推理，根本的原因就在於能夠將所吸收的資訊進行分組，在混亂的資訊中創造秩序。

什麼是資訊分組？這是指把資訊組成單位來儲存，而不是一條一條地記憶。雖然人們每天都會接觸到大量的資訊，但是大腦一次只能處理不超過七條資訊，否則就是超負荷運轉。

假如決策者認為，一個人獲取的資訊越多，所做出的決策就越正確，那就大錯特錯。因為人類所能接受和處理的資訊是有限的，當我們無限度地接受洶湧而來的海量資訊時，會出現超載的情況，進而在決策過程中無所適從。

舉例來說，醫生對患者進行診斷時，需要從患者口中獲取一定的資訊，但如果患者提供的資訊過多，將導致醫生的診斷正確率下降。由此可得出結論，過量的資訊不會為決策帶來幫助，反而會影響人的分析能力，使人感到混亂無秩序，於是出現決策失誤的情況。

在面對複雜而混亂的資訊時，資訊分組能夠提高快速推理的能力。記得有一次，我的車子出現問題，只要一發動就會發生巨響，好像馬上要解體。我來到汽車修理廠，當時以為肯定要大修，可是就在我焦急地等待車子將被大卸八塊時，維修人員卻雲淡風輕地說：「沒什麼大問題，只是減震系統出了點問題，十分鐘左右就能修好。」

事後回想，如果我當時問那位維修人員是怎麼判斷的，他恐怕也回答不上來。不過我可以確定，早在很久以前，他就將所有關於汽車的資訊，例如：車子的型號、駕駛里程、廠牌、車子的出廠時間等，都在自己的大腦中進行分組，所以能夠在短時間內做出準確的判斷。

假如我告訴他，這都是他的快速推理能力發揮作用，並且對他表示祝賀，他一定感到莫名其妙，因為他根本不瞭解自己的思維過程是如何運行的。

快速推理是如何運行呢？

舉例來說，美國加州一位滿臉皺紋的老農場主人，可能會在自己的躺椅上，一邊望著天邊的雲彩，一邊說「明天要下雨了」。他肯定以為自己只是說了一句很普通的話，但事實上他是在進行快速推理。

如果你問他為什麼明天會下雨，他可能不知道如何回答，其實他早就將所有關於天氣的資訊，儲存在自己的大腦裡進行分組。

一般說來，擁有良好直覺能力的決策者都非常善於將資訊分組，因此可以在幾秒內「探訪」大量的資訊，進而在混亂中找到一定的秩序。所以，想要培養自己的直覺能力，關鍵就在於搜集充分的資訊，然後將資訊分組，並快速推理。

在決策過程中，過於混亂的資訊會給決策者帶來哪些負面影響呢？

一、使專注力下降

在獲取資訊的過程中，人們很容易受到不同的圖片、文字、畫面及社交通訊軟體的吸引，無意間轉而關注其他的東西，忘記自己的目標，使得專注力下降，最終迷失在海量的資訊中。

二、讓人產生心理壓力，並影響生理健康

心理學家早就提出「資訊焦慮」的概念。由於資訊過量及過於混亂，人類的思維模式還不能完善地處理資訊，便容易出現焦慮的情況。

三、讓人無從選擇

垃圾資訊的比例，在全球資訊系統中不低於五〇%，在一些重要的學科領域甚至超過八〇%。因此，人們很容易迷失在這些垃圾資訊中，無法輕易獲得真正有用的資訊，而難以做出正確的判斷與決策。

混亂的資訊會直接影響判斷力，甚至導致決策失敗。因此，人必須學會利用自己的直覺能力，進行快速推理，才能在混亂中找到秩序，並從海量的資訊中獲取最有價值的一部分，這將成為決策成功的基礎。

面對混亂的資訊時，除了運用快速推理來尋找秩序，還可以透過以下方法梳理資訊：

1. 精簡訊息：每天可處理的資訊十分有限，要學會去蕪存菁，並且資訊不等於知識，要精簡不重要的資訊，留下認知的空間給重要資訊。

2. 追求品質：資訊多並不代表有價值，就像某些書的實用價值遠遠超出其他書的總和。因此，為了所謂的「閱讀量」而不加以篩選，不是明智的選擇。收集與整理資訊也是如此，要重視品質而不是數量。

3. 注意休息：當你對資訊收集感到疲勞時，一定要記得休息和運動，放鬆大腦。只有當大腦處於放鬆狀態，才能更妥善處理各種混亂的資訊。

重・點・整・理

- 認識事物的兩面性，運用辯證思維靈活轉換思考方式，從事物另一面尋求答案。
- 針對特殊問題，運用逆向思維反其道而行，或許能讓問題更加簡單化。
- 想讓自己的決策更加合理，或者想要突破前人的藩籬，就要培養自己的創造性思維，並勇於堅持想法。
- 運用腦力激盪法，激發團隊的創造力，並與個人決策的優缺點互相結合，以創造出最佳決策。
- 認識影響決策的人性弱點：沒有自知之明、依賴、盲從、懶惰等，並嘗試克服，讓自己的決策更完善。
- 決策有時須從大量混亂訊息中做出判斷，因此應學習快速推理，將知識分組後快速活用，以解決問題。

思考筆記

思考筆記

思考筆記

思考筆記

國家圖書館出版品預行編目（CIP）資料

哈佛教你 32 天學會大腦整理：從科學理論、故事案例到親身經驗，
每天上一堂認識自己的大腦思考課！ / 韋秀英著
. -- 二版. -- 新北市；大樂文化 , 2021.03
面 ； 公分. –（優渥叢書 Business：67）

ISBN 978-986-5564-07-0（平裝）
1. 職場成功法　2. 思考
494.35　　109019813

Business 067

哈佛教你 32 天學會大腦整理

從科學理論、故事案例到親身經驗，每天上一堂認識自己的大腦思考課！

作　　者／韋秀英
封面設計／蕭壽佳
內頁排版／思　思
責任編輯／林映華
主　　編／皮海屏
發行專員／呂妍蓁、鄭羽希
會計經理／陳碧蘭
發行經理／高世權、呂和儒
總編輯、總經理／蔡連壽
出 版 者／大樂文化有限公司（優渥誌）
地址：新北市板橋區文化路一段 268 號 18 樓之一
電話：（02）2258-3656
傳真：（02）2258-3660
詢問購書相關資訊請洽：2258-3656
郵政劃撥帳號／50211045　戶名／大樂文化有限公司

香港發行／豐達出版發行有限公司
地址：香港柴灣永泰道 70 號柴灣工業城 2 期 1805 室
電話：852-2172 6513　傳真：852-2172 4355

法律顧問／第一國際法律事務所余淑杏律師
印刷／韋懋實業有限公司

出版日期／2017 年 12 月 11 日
2021 年 3 月 2 日二版
定價／280 元（缺頁或損毀的書，請寄回更換）
I S B N　978-986-5564-07-0

優渥叢書

優渥叢書